Dreidimensionale Instabilitätserscheinungen des laminar-turbulenten Umschlags bei freier Konvektion längs einer vertikalen geheizten Platte

Zur Erlangung des akademischen Grades eines

DOKTOR-INGENIEURS

von der Fakultät für Maschinenwesens der
Technischen Hochschule Karlsruhe
genehmigte

DISSERTATION

von

Dipl.-Ing. Pavle Čolak-Antić
aus Zagreb (Jugoslawien)

Tag der mündlichen Prüfung: 26. Juli 1963
Hauptreferent: Prof. Dr. H. Görtler
Korreferenten: Prof. Dr.-Ing. H. Marcinowski
Prof. Dr.-Ing. A. Walz

Sitzungsberichte
der Heidelberger Akademie der Wissenschaften

Mathematisch-naturwissenschaftliche Klasse

Jahrgang 1962/64, 6. Abhandlung

Dreidimensionale Instabilitätserscheinungen des laminar-turbulenten Umschlages bei freier Konvektion längs einer vertikalen geheizten Platte

Von

Pavle Čolak-Antić

aus dem
Institut für Angewandte Mathematik und Mechanik
der Deutschen Versuchsanstalt für Luft- und Raumfahrt e. V.

Mit 55 Textabbildungen und 4 Stereo-Bildpaaren

(Vorgelegt in der Sitzung vom 13. Juli 1963)

Heidelberg 1964
Springer-Verlag

Dissertation, genehmigt von der Fakultät für Maschinenwesen
der Technischen Hochschule in Karlsruhe

ISBN-13: 978-3-540-03214-4   e-ISBN-13: 978-3-642-48041-6
DOI: 10.1007/978-3-642-48041-6

Dreidimensionale Instabilitätserscheinungen des laminar-turbulenten Umschlages bei freier Konvektion längs einer vertikalen geheizten Platte

Von

Pavle Čolak-Antić

Mit 55 Textabbildungen und 4 Stereo-Bildpaaren

(Vorgelegt in der Sitzung vom 13. Juli 1963)

Inhaltsverzeichnis

Einleitung

Gegenstand dieser Arbeit ist die experimentelle Untersuchung dreidimensionaler Instabilitätserscheinungen des laminar-turbulenten Umschlages bei freier Konvektion längs einer vertikalen geheizten Platte und insbesondere das Auftreten von Längswirbeln.

In der letzten Zeit wurden besondere Anstrengungen gemacht, den Mechanismus des Umschlages der laminaren Grenzschichtströmung in die Turbulenz zu erforschen. Insbesondere sollten experimentelle Untersuchungen den dreidimensionalen Charakter des Umschlagprozesses näher klären, um den theoretischen Behandlungen eine Bestätigung der Richtigkeit oder der Notwendigkeit weiterer Verbesserungen des angenommenen Umschlagmodells zu liefern.

Es zeigte sich, daß der experimentell beobachtete Umschlagvorgang bei freier Konvektionsströmung längs einer geheizten vertikalen Platte eine große Ähnlichkeit mit dem Umschlag einer laminaren inkompressiblen Grenzschichtströmung längs einer ebenen Platte aufweist. Darauf hatten wohl als erste ECKERT, SOEHNGEN und SCHNEIDER [1] hingewiesen, die mit Hilfe eines Zehnder-Mach-Interferometers das Auftreten Tollmien-Schlichting-artiger Temperaturschwankungen in der Grenzschicht einer vertikalen geheizten Platte in Luft feststellten und gleichzeitig auch Strömungsbeobachtungen mit Hilfe von Rauchfäden durchführten. In einer weiteren Arbeit von HOLMAN, GARTRELL und SOEHNGEN [2] wurden die Grenzschichttemperaturschwankungen bei freier Konvektion in Luft und ihr Einfluß auf den Wärmeübergang wieder mit Hilfe von Interferometerbeobachtungen näher untersucht. Dabei wurden erzwungene zweidimensionale Störungen in der Grenzschicht mit Hilfe eines elektrisch geheizten Pulsdrahtes erzeugt, um die Regelmäßigkeit des Umschlagvorganges zu gewährleisten. Diese Methode der Störungserzeugung wurde schon früher von BIRCH [3] und GARTRELL [4] entwickelt. Weitere Rauchfäden- bzw. Farbflüssigkeitsfäden-Visualisierungen des Umschlagvorganges wurden von ECKERT, HARTNETT und IRVINE [5] an einer vertikalen Platte in Luft und von SZEWCZYK [6], [7] in Wasser durchgeführt. Zu erwähnen wäre noch die Arbeit von FUJII [8], die die Instabilität der freien Konvektionsströmung längs eines vertikalen Zylinders in Flüssigkeit behandelt und auf das Auftreten und das Verzerren von Kármán-ähnlichen Wirbelstraßen hinweist.

Das Gemeinsame bei allen oben erwähnten experimentellen Arbeiten über Grenzschichtinstabilität der freien Konvektion längs einer vertikalen Platte in Luft oder Wasser sind die großen experimentellen Schwierigkeiten der quantitativen Erfassung dreidimensionaler Umschlagvorgänge. Interferometermethoden ergeben nämlich nur die gemittelten Temperaturschwankungen über die ganze Plattenbreite. Bei instationären Strömungsvorgängen, wie sie hier vorliegen, sind bei Farbflüssigkeits- oder Rauchfädenbeobachtu n gen die Streichlinien nicht identisch mit den augenblicklichen Stromlinien. In einer vor kurzem publizierten Arbeit von HAMA [9] wurde auch auf die Gefahr von Falschinterpretationen von Streichlinien-Visualisierungen hingewiesen, insbesondere bei Störungswellen in Scherströmung, wo Farbflüssigkeitskonzentration nicht notwendigerweise mit Wirbelbildung zu identifizieren ist. Weder aus Interferenzbeobachtungen noch aus Streichlinien-Visualisierungen kann man daher die instationären Stromlinienbilder und die Störungsgeschwindigkeit, die für die Überprüfung oder die Verbesserung des theoretischen Modells notwendig sind, erhalten.

In der vorliegenden Arbeit wurde daher besondere Aufmerksamkeit auf die Gewinnung von Stromlinienbildern des Umschlages und auf die Bestimmung des Störungsgeschwindigkeits- und Störungstemperaturfeldes gerichtet. Es erwies sich dabei als zweckmäßig, die Versuche parallel an Platten in Wasser und in Luft durchzuführen, um die besseren Visualisationsmöglichkeiten im Wassertank mit den genaueren Hitzdrahtmessungen der Störungsgeschwindigkeiten und leichterer Störungserzeugung bei der Platte in Luft zu kombinieren.

Was nun die Theorie des Instabilitätsvorganges bei freier Konvektion betrifft, so ist die Entwicklung bei weitem noch nicht so fortgeschritten wie bei der Instabilitätsbehandlung der laminaren inkompressiblen Grenzschichtströmung längs einer ebenen Platte, obwohl in der letzten Zeit eine Fülle von Arbeiten Grenzschichtprobleme bei freier Konvektion behandeln. Die Ursachen liegen in den zusätzlichen rechnerischen Schwierigkeiten, die durch das besondere Geschwindigkeitsprofil bedingt sind, durch die Kopplung der Navier-Stokesschen Gleichungen mit der Energiegleichung und durch die veränderlichen Stoffwerte.

Die Instabilitätskurven in bezug auf Tollmien-Schlichting-artige Störungen, die erstmalig von Plapp [10] für die freie Konvektion in Luft und von Szewczyk [6] für Wasser berechnet wurden, lieferten kritische Grashofsche Zahlen, die insbesondere bei Plapp merklich höher liegen als die experimentell beobachteten. Neben den bei freier Konvektion üblichen Vernachlässigungen in den Grenzschichtgleichungen wurden in beiden Fällen das Störungstemperaturkopplungsglied und die Energiegleichung vernachlässigt. Die Zulässigkeit dieser Annahme wurde von Ostrach und Maslen [11] untersucht und diskutiert. Die numerischen Schwierigkeiten des Auftretens von zwei kritischen Schichten bei den von Plapp und Szewczyk angewandten klassischen Tollmienschen Verfahren sind neuerdings von Kurtz und Crandall [12] durch die Benutzung eines Differenzenverfahrens umgangen worden. Eine vollständige Behandlung des Problems mit Berücksichtigung der Störungstemperatur und Energiegleichung ist erst kürzlich von Kappus [73] durchgeführt worden[1].

Dagegen liegen theoretische Untersuchungen zur Klärung der dreidimensionalen Instabilitätsvorgänge einer freien konvektiven Grenzschicht längs einer geheizten vertikalen Platte zur Zeit überhaupt nicht vor.

Die schon erwähnte große Ähnlichkeit der konvektiven Grenzschichtinstabilität mit der Instabilität einer ebenen inkompressiblen Grenzschicht längs einer ebenen Platte gestattet es aber auch,

---

[1] Die numerischen Ergebnisse standen beim Abschluß des Manuskriptes noch nicht zur Verfügung.

wenigstens heuristisch gewisse experimentelle und theoretische Ergebnisse zur Planung oder Deutung der konvektiven Experimente heranzuziehen. Dies bezieht sich insbesondere auf die systematischen Hitzdrahtuntersuchungen von SCHUBAUER, SKRAMSTAD, KLEBANOFF, TIDSTROM, SARGENT, TANI, KOMODA, KOVASZNAY und VASUDEVA [13], [14], [15], [16], [17], [18], [19], auf die Arbeiten über die sekundäre Instabilität von GÖRTLER und WITTING [20], [21] und die nichtlinearen Erweiterungen von BENNEY und LIN [22], [23] und MENZEL [74] sowie auf die Arbeit von BENNEY und GREENSPAN [24]. Zu erwähnen wären hier auch CRIMINALE [25] und KOVASZNAY [26].

Die vorliegende Arbeit ist in vier Kapitel gegliedert.

In Kapitel 1 werden die experimentelle Apparatur und die angewandten Methoden beschrieben. Es wird insbesondere die geeignetste Methode für die Sichtbarmachung instationärer Längswirbel ermittelt. Verschiedene Möglichkeiten für die Messungen der Störungsgeschwindigkeiten werden verglichen. Für die sich als die am geeignetsten erweisende Hitzdrahtmethode wird bei den bei freier Konvektion auftretenden, sehr kleinen Geschwindigkeiten und gleichzeitigen Lufttemperaturschwankungen das Hitzdrahtverhalten untersucht und der Interaktionsfehler abgeschätzt. Besondere Aufmerksamkeit wird der Erzeugung zwei- und dreidimensionaler Störungen geschenkt.

In Kapitel 2 werden die Versuche mit der Platte in Wasser beschrieben. Der „natürliche" Umschlagvorgang wird mit Hilfe von Aluminiumlamellen sichtbar gemacht. Die Bildung von Längswirbeln und ihre Lage in bezug zu den Tollmien-Schlichting-artigen Störungen wird mit Hilfe von Stromlinienbildern in verschiedenen Querschnittebenen, frontalen Stereoaufnahmen und kinematographischen Stromlinienaufnahmen untersucht.

In Kapitel 3 wird über die Versuche mit der Platte in Luft mit und ohne erzwungene Störungen berichtet. Neben Rauchfäden-Visualisierungen werden Hitzdrahtmessungen der Störungsgeschwindigkeiten und Störungstemperaturen mit und ohne erzwungene Pulsdrahtstörungen durchgeführt.

In Kapitel 4 werden die erhaltenen Ergebnisse diskutiert. Die Entwicklung der Tollmien-Schlichting-artigen Störungen wird auf Grund von Visualisations-Bildern und Hitzdrahtmessungen mit den theoretischen Ergebnissen von KURTZ und CRANDALL [12] verglichen. Die beobachteten dreidimensionalen Instabilitätserscheinungen und insbesondere die Längswirbelbildung und Längswirbellage werden für Wasser und Luft gemeinsam besprochen. Die Unterschiede der dreidimensionalen Grenzschicht-Instabilitätserscheinungen bei freier Konvektion und bei inkompressibler Plattenströmung ohne Druckgradienten werden kurz erörtert. Am Ende werden noch offen verbleibende Fragen und mögliche Verbesserungen in der Versuchstechnik auf Grund der jetzigen Ergebnisse erwähnt. Es ist geplant, die Versuche später weiter zu führen.

Um den Text zu entlasten, wurden die näheren Aufnahmedaten im Anhang zusammengefaßt. Es wurden unter einer größeren Anzahl von Strömungsbildern und Hitzdrahtoszillogrammen typische Fälle ausgesucht.

Zum Schluß möchte ich Herrn Professor Dr. H. GÖRTLER für seine Anregung zur Bearbeitung dieses Themas sowie für seine ständige Unterstützung bei der Durchführung dieser Arbeit und seine Hinweise auf das Wesentliche aufrichtig danken.

Herrn Professor Dr. E. BECKER möchte ich für die vielen und fruchtbaren Diskussionen herzlich danken.

Der Bau der Versuchsapparatur und der Einrichtungen wurde anfangs von der Wissenschaftlichen Gesellschaft Freiburg gefördert und dann im Institut für Angewandte Mathematik und Mechanik der Deutschen Versuchsanstalt für Luft- und Raumfahrt in Freiburg i. Br. im Rahmen von Grenzschicht-Instabilitätsuntersuchungen durchgeführt.

1.0. Experimentelle Apparatur und Methoden

Die experimentellen Untersuchungen wurden an einer Platte in Luft und an einer Platte in Wasser durchgeführt. Die Experimente wurden im Tiefkeller des Instituts für Angewandte Mathematik und Mechanik der Deutschen Versuchsanstalt für Luft- und Raumfahrt in Freiburg i. Br. ausgeführt, in dem die Temperaturschwankungen äußerst gering sind.

In der nun folgenden Beschreibung der verschiedenen Teile der Versuchsanordnung[1] und -methoden wird kurz auf das Wesentliche eingegangen.

---

[1] Herrn Ing. A. MAIER bin ich für die wertvolle Hilfe bei der Entwicklung und dem Bau der Meßinstrumentation zu großem Dank verpflichtet. Herr G. KAUFHOLD hat die Mechanikerarbeiten bei Bau und Aufstellung der Versuchseinrichtung präzise und mit viel Erfahrung ausgeführt und mir bei den Rauchversuchen beigestanden.

1.1. Platte in Wasser

Der Wassertank mit aufgehängter Platte ist in Abb. 1 dargestellt. Die 200 mm breite, 600 mm lange und 9 mm dicke Messing-
platte ist in einem zweiteiligen verglasten Wassertank aufgehängt,
der eine Höhe von 1200 mm und eine Grundfläche von 470 × 470 mm.
aufweist. Beide Tankteile bestehen aus einer verschweißten Win-
keleisenkonstruktion, die allseitig mit 10 und 8 mm dickem Kristall-
spiegelglas verglast ist.

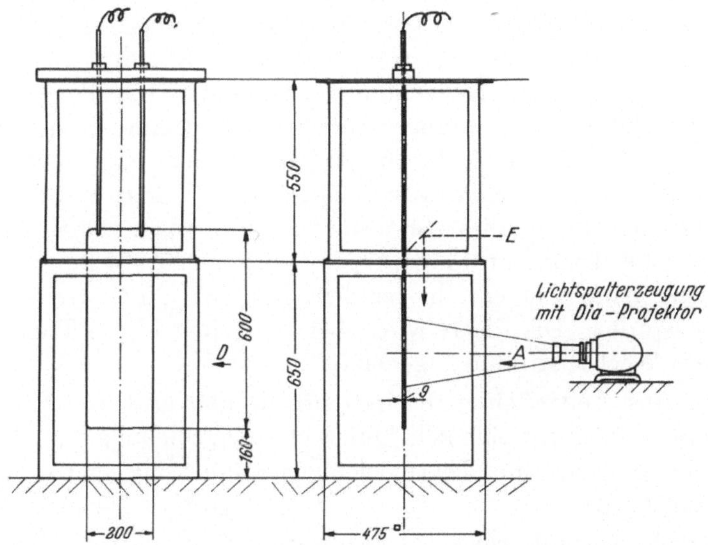

Abb. 1. Skizze des Wassertanks mit Platte mit Angabe der Kamera- bzw.
Spaltbeleuchtungseinrichtung (s. Anhang)

Am Anfang der experimentellen Untersuchungen wurde nur
der untere 650 mm hohe Tank benutzt. Die Platte, die außerhalb
des Wassers hervorragte, war 500 mm tief in den Tank versenkt.
Bei visuellen Beobachtungen wurde eine Rückströmung im äußeren
Teil der Grenzschicht beobachtet[1]. Um den möglichen Einfluß
von Oberflächenstörungen und -reflexionen der aufsteigenden
warmen, konvektiven Grenzschicht auszuschalten, wurde der
Wassertank nachträglich durch ein 550 mm hohes verglastes Oberteil erhöht.

Die 9 mm dicke hohle Platte ist aus zwei in 3 mm Abstand
miteinander verschraubten und je 3 mm dicken Messingplatten zu-
sammengesetzt und wasserdicht verlötet. Im eingeschlossenen

---

[1] Siehe Abschnitt 2.1.

Hohlraum ist die Heizwicklung untergebracht. Die Vorderkante der Platte ist halbkreisförmig ausgebildet. Die seitlichen Kanten sind leicht abgerundet. Die Oberfläche der gefrästen Platte ist sorgfältig poliert. Die Platte ist mit einem schwarzen, matten Zweikomponentenlack gespritzt. Ein mit weißer Tusche aufgezeichnetes cm-Raster mit Koordinatennumerierung dient neben Maßstabs- und Koordinatendefinierung bei Ausschnittbildern gleichzeitig auch als Referenzebene bei Stereoaufnahmen.

Die Heizwicklung aus $0{,}2 \times 2$ mm Nickelchromband ist auf eine 0,5 mm dicke hitzebeständige Mikanit-Glimmerplatte gewickelt, mit etwas hervorstehenden 0,5 mm dicken Mikanitplatten abgedeckt und mit einem hitzebeständigen Silikonband bandagiert. Die horizontal liegenden Windungen haben eine konstante Steigung von 8 mm, so daß der Fall der freien Konvektion mit konstantem Wärmeübergang annähernd vorliegt. Da die Platte in Wasser hauptsächlich für qualitative Visualisationsversuche bestimmt ist, ist auf eine Temperaturänderungsmöglichkeit in Strömungsrichtung mit Hilfe von einzeln regulierbaren Wicklungsstreifen verzichtet worden. Die Platte wird über einen Regel- und Trenntrafo aus dem Wechselstromnetz geheizt.

Ein aus Teilen einer Kleindrehbank gebautes Koordinaten-Meßgerät ermöglicht eine kontinuierliche Verschiebung der Flüssigkeitsfäden-, Tellur- und Thermoelement-Sonden mit einer Genauigkeit von $1/_{20}$ mm.

Der Wassertank wird mit gefiltertem Leitungswasser gefüllt. Die Versuche werden mit abgestandenem Wasser durchgeführt, um Gasbläschenhaftung an der warmen Plattenoberfläche zu vermeiden.

1.2. Platte in Luft

Die Konvektionsversuche in Luft werden mit einer 2×1 m großen und 15 mm dicken Aluminiumplatte in einer mit verglasten Holzwänden abgetrennten und sorgfältig abgedichteten Versuchskammer im Tiefkeller des Instituts durchgeführt. Der Aufbau ist in Abb. 2 und 3 ersichtlich.

Um Luftstörungen auszuschließen, werden alle Verstellungen der Sonden und des Rauchkammes mit Hilfe mechanischer oder elektrischer Fernbedienung und -ablesung von außerhalb der Versuchskammer durchgeführt. Die durch die Kammer verlaufenden Wasser- und Heizungsleitungen sind wärmeisoliert, um zusätzliche

Konvektionsströmungen zu vermeiden. Die Temperaturänderungen in der Versuchskammer waren nach Erreichen des stationären Zustandes kleiner als $\pm 0{,}2°$ C. Die Plattenheizung ist während der

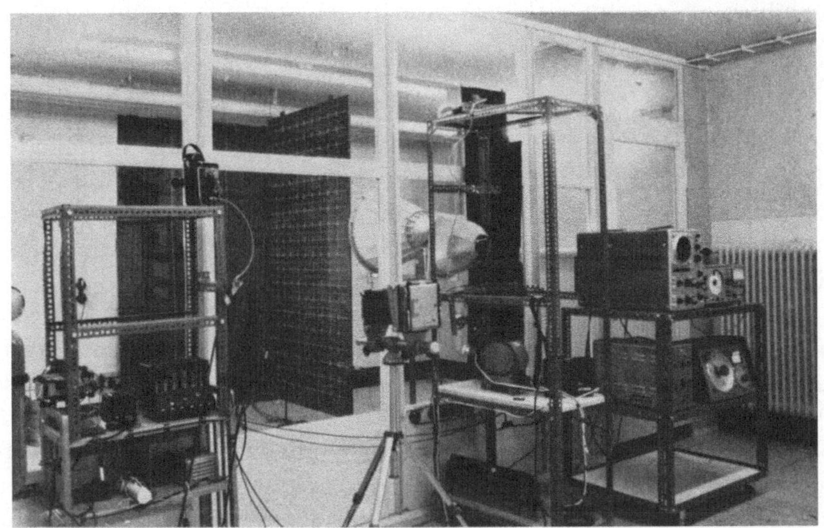

Abb. 2. Ansicht der Versuchsanlage im Tiefkeller. — Hinten, mit weißem Raster versehen, die geheizte Platte im abgeteilten Raum. Im Vordergrund die benutzte Apparatur: Stroboskop, Blitzlichtbeleuchtung, Hitzdrahtapparatur mit Zweistrahl-Oszillographen und Störungs-Impulsgeber, Kameras

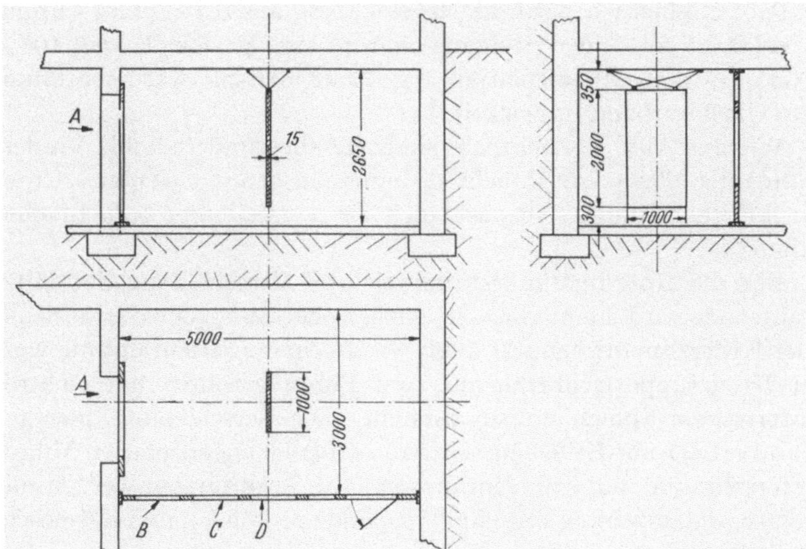

Abb. 3. Skizze der Versuchskammer mit Platte für Konvektionsversuche in Luft mit Angabe der Kamera- bzw. Spaltbeleuchtungsrichtung (s. Anhang)

Versuche Tag und Nacht eingeschaltet, da der stationäre Zustand erst nach 5—6 Std erreicht wird.

Die Platte ist mit verspanntem Klavierdraht an der Decke aufgehängt. Sie setzt sich aus zwei miteinander in 3 mm Abstand verschraubten 2000 × 1000 × 6 mm großen Aluminiumplatten zusammen. Im eingeschlossenen Hohlraum sind die elektrischen Heizelemente untergebracht. Die Oberflächen der im walzblanken Zustand bezogenen Platten sind noch nachträglich auf spiegelnden Hochglanz poliert worden. Eine Seite ist mit schwarzem, mattem Nitro-Fotokammerlack gespritzt und mit einem weißen, bezifferten 5 cm-Tuschraster versehen. Die andere Seite wurde für Hitzdrahtversuche blank gelassen.

Die elektrische Widerstandsheizung setzt sich aus 19 horizontalen Widerstandselementen zusammen. Die Platte wird über einen Regeltrafo vom Wechselstromnetz geheizt. Die relative große Wärmekapazität erübrigt eine Gleichstromheizung. Eine Regulierung der Plattentemperatur in Strömungsrichtung ist mit Hilfe von Gruppenschaltungen der Heizungselemente in Kombination mit verstellbaren Rheostaten möglich. Der isotherme Zustand konnte daher annähernd erreicht werden. Die Widerstandswicklungen sind, ähnlich wie bei der Platte in Wasser, aufgebaut: auf einen 100 × 1000 × 0,5 mm Kern aus Mikanit, der mit 1 mm tiefen Nuten versehen ist, wird die Heizwicklung aus 0,2 × 2 mm Chromnickeldraht mit einer Steigung von 15 mm gewickelt, mit 100 × 1000 × 0,5 mm Mikanitplatten abgedeckt und mit wärmebeständigem Glasfaserband umwickelt.

Wie aus Abb. 4 ersichtlich, kann die abgerundete hohle Vorderkante[1] der Platte zur Rauchfädenemission benutzt werden. Unter der Platte befindet sich zusätzlich ein verstellbarer Rauchfädenkamm[2].

Für die Koordinatenbestimmung und Verschiebung der Hitzdrahtsonde wird ein in verschiedenen Höhen aufsteckbarer horizontaler Kreuzsupport benutzt (Abb. 5). In Spannweitenrichtung wird der Kreuzsupportschlitten auf zwei Führungsrohren mit elektromotorischem Spindelantrieb verstellt. Die Verschiebung quer zur Wand erfolgt mit Hilfe einer elektromotorisch angetriebenen Mikrometerschraube mit Kulissenführung. Die Koordinaten werden mit Hilfe von Zählwerken mit einer Genauigkeit von $^1/_{20}$ mm abgelesen.

---

[1] Siehe Fußnote 12, Abschnitt 1.3.
[2] Siehe Fußnote 11, Abschnitt 1.3.

Bei genaueren Messungen werden die kleinen Wölbungen der Aluminiumplatten-Oberfläche berücksichtigt; meistens ist dies wegen der relativ dicken Grenzschicht[3] nicht notwendig, wenn sich die Messungen in nicht zu reiten Zonen erstrecken. Ein auf er Platte aufliegender und an

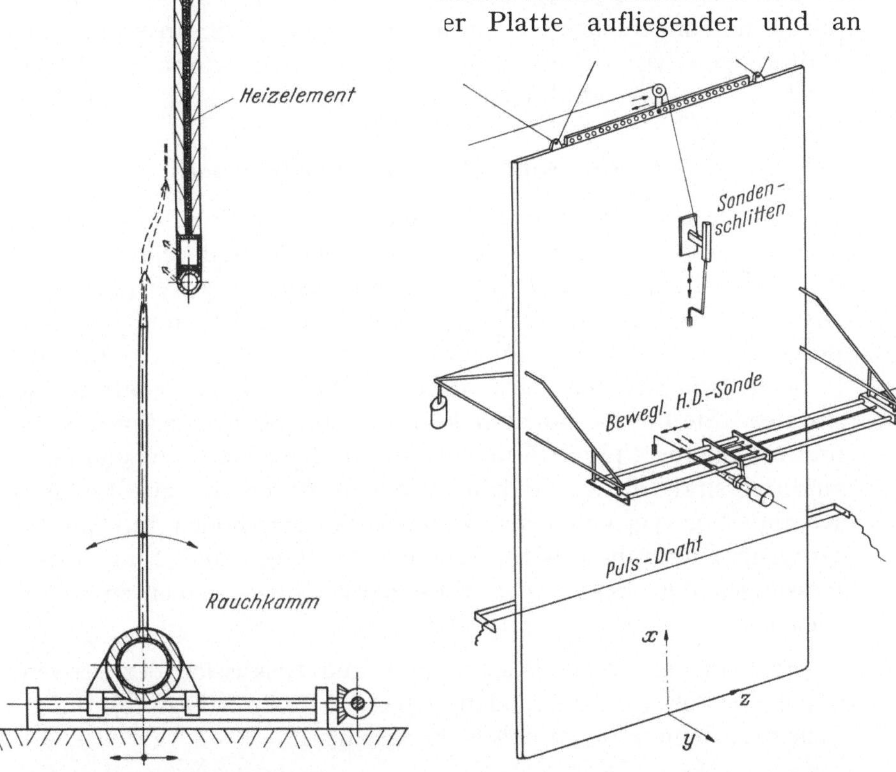

<table>
<tr><td>

Abb. 4. Skizze des verstellbaren Rauchkammes und Schnitt durch die für Rauchfädenemission benutzte hohle Plattenvorderkante

</td><td>

Abb. 5. Skizze des aufsteckbaren Hitzdraht-Koordinatengerätes und vertikal verschiebbaren Hitzdraht-Sondenschlittens sowie Pulsdrahtanordnung

</td></tr>
</table>

einem Seilzug aufgehängter Sondenschlitten kann zusätzlich vertikal verschoben werden. Es kann daher gleichzeitig mit dem Kreuzsupport eine Sonde für einen vorgewählten Abstand von der Vorderkante in Spannweitenrichtung und quer zur Wand verschoben werden, während die zweite Sonde auf dem Seilzugschlitten für vorgewählte Spannweitenlage und vorgewählten Wandabstand in

---

[3] Bei den meisten Messungen war die Grenzschichtdicke $\delta_{0,01} = 35$ bis 40 mm. Die Grenzschichtdicke ist, wie üblich, auf die Stelle bezogen, an der die Geschwindigkeit auf 1 % der Maximalen gesunken ist.

der Strömungsrichtung verschoben werden kann (beides mit Fernbedienung). Außerdem werden auch noch zusätzliche unbewegliche Sonden verwendet (für Referenzsignale, insbesondere bei Phasen- und Anfachungsmessungen).

Auf die Vermeidung der Beeinflussung des Strömungsfeldes durch die Sondenträger, Koordinatenschlitten, Führungsrohre und Halterungen wurde besonders geachtet. Dies wurde durch das rasch nach außen abklingende Geschwindigkeitsprofil erleichtert.

1.3. Angewandte Visualisierungsmethoden

Visuelle Untersuchungen besitzen im Vergleich zu punktförmigen Geschwindigkeitsmessungen den großen Vorteil, relativ schnell die Beobachtung ausgedehnter Strömungsfelder zu ermöglichen. Insbesondere bei nichtstationären Strömungsfeldern und bei nicht periodisch verlaufenden Vorgängen gestatten sie ein ungleich besseres Erfassen der markantesten Strömungseigenschaften und -formen. Sie liefern dabei zugleich die notwendigen Hinweise, wo und wie genauere punktförmige Geschwindigkeitsmessungen durchzuführen sind. Es wurde daher versucht, durch eine zweckmäßige Kombination verschiedener Visualisierungsmethoden mit punktförmigen Hitzdraht-Geschwindigkeitsmessungen und Temperaturmessungen den Beginn des Umschlagvorganges näher zu untersuchen.

Es folgt eine kurze Beschreibung und Diskussion der verwendeten Visualisierungsmethoden, insbesondere ihrer Eignung für die Sichtbarmachung instationärer Längswirbel.

Im Wassertank wurde mit Suspensionen von Aluminiumlamellen[1] und Polysterol-Kügelchen[2] gearbeitet nach anfänglichen Streichlinien-Visualisierungen mit Tellursonden[3] und Farbflüssigkeitsfäden (Einzelsonden und Sondenkämme), die zur Orientierung benutzt wurden.

---

[1] Aluminiumflitterchen, Typ Standard Feinschliff-Aluminium AT (50 bis 60 μ) der Firma Eckardt-Werke, Fürth i. Bayern.

[2] Polysterol V Perlpolymerisat der Badischen Anilin- und Sodafabrik AG., Ludwigshafen a. Rh., Korngröße $0,1-0,2$ mm $\varnothing$, durch Acetonbehandlung auf das spezifische Gewicht des Wassers gebracht und opak gemacht nach Werlé [27].

[3] Die von Wortmann [28] entwickelte Tellur-Visualisierungsmethode wurde von R. Eichhorn [29], [30] bei Konvektionsversuchen in Wasser angewandt.

Die schon viel benutzte Technik der Visualisierung mit Hilfe von Aluminiumflitterchen ist für Luftströmungen eingehend von Bourot [31], [32] und für Wasserströmungen von Chartier [33] beschrieben worden. Es wird dabei insbesondere auf die Visualisierung von Wirbeln bei seitlicher Spaltbeleuchtung ([31], S. 200 bis 206; [33], S. 35—37) hingewiesen. Bourot und Chartier führten visuelle Untersuchungen von Tragflügelrandwirbeln durch, ein Fall, der rein strömungsform- und visualisierungsmäßig eine große Ähnlichkeit mit den beim konvektiven Umschlag auftretenden Längswirbeln hat: in beiden Fällen treten Wirbel auf, deren Achsen in Strömungsrichtung verlaufen, so daß für einen relativ zum Tragflügel bzw. konvektiver Platte ruhenden Beobachter spiralförmige Stromlinienformen entstehen. Durch die Orientierungstendenz der Aluminiumlamellen, die sich in Wasser tangential in bezug auf die Stromlinien ausrichten, entsteht ein charakteristisches Bild, das an eine „Ähre"[4] erinnert. Beim Wirbel in Luft tritt eine etwas andere Form auf, da die Aluminiumlamellen sich nicht genau tangential stellen, sondern einen gewissen Phasenverschubwinkel (bei den Experimenten von Bourot etwa 45°) in bezug auf die Tangente einnehmen. Dadurch entstehen, je nach Beleuchtung und Drehrichtung, Bilder mit dunklen oder hellen Achsen.

Um die bei den jetzigen Experimenten erhaltenen Bilder leichter deuten zu können, sind aus [31] und [33] die Schemata des Entstehens der Visualisationsbilder durch die Aluminiumlamellen-Orientierung bei Wirbeln mit axialer Umströmung in Wasser und Luft (Abb. 6 und 7), zusammen mit photographischen Aufnahmen von Tragflügelrandwirbeln in Wasser und Luft (Abb. 8 und 9), zum Vergleich nebeneinandergestellt. In der auf Abb. 8 reproduzierten Aufnahme von Chartier ([33], Ausschnitt des Bildes 32), war die Spaltbeleuchtung von kurzer Dauer und kontinuierlich. Die Leuchtspuren der Aluminiumflitterchen stellen in erster Näherung ein Stromlinienfeld dar (bei stationären Vorgängen sind die Stromlinien mit den Teilchenbahnen identisch; bei instationären Vorgängen erhält man bei kurzzeitiger Belichtung ein Tangentenfeld der Stromlinien). Die Länge der Leuchtspuren ist nicht immer der Geschwindigkeit der Partikel proportional, da durch unregelmäßige Aluminiumflitterchen-Rotationen (durch Mikroturbulenz des Wasserkanals und durch Eigenrotation der nicht ganz symme-

---

[4] In [31] und [33] wurde dieser Effekt zum ersten Male mit „phénomène d'épi" bezeichnet.

trischen Lamellen[5]) die Lamelle eine Lage einnimmt, in der die Lichtreflexion aussetzt. Im Strömungsfeld außerhalb des Tragflügelrandwirbels sind die Aluminiumflitterchen willkürlich orientiert. Dadurch reflektiert nur ein geringer Teil der Aluminiumlamellen, da die Reflexion nur innerhalb eines engen Winkel-

Visualisation von Tragflügelrandwirbeln mit Hilfe von Aluminiumlamellen

Erscheinungen im Wasserkanal   Erscheinungen im Windkanal

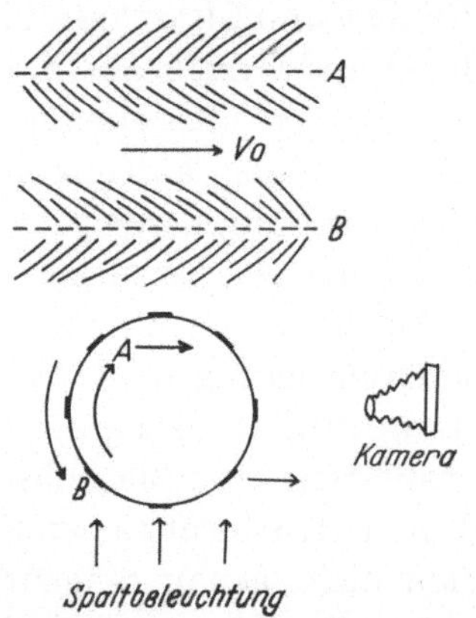

Abb. 6. Entstehen des Visualisationsbildes eines Tragflügelrandwirbels im Wasserkanal ([31], Abb. 128)

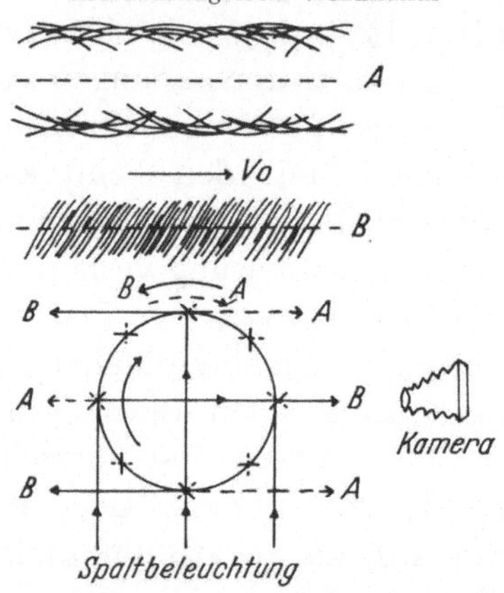

Abb. 7. Entstehen des Visualisationsbildes eines Tragflügelrandwirbels im Windkanal ([31], Abb. 129)

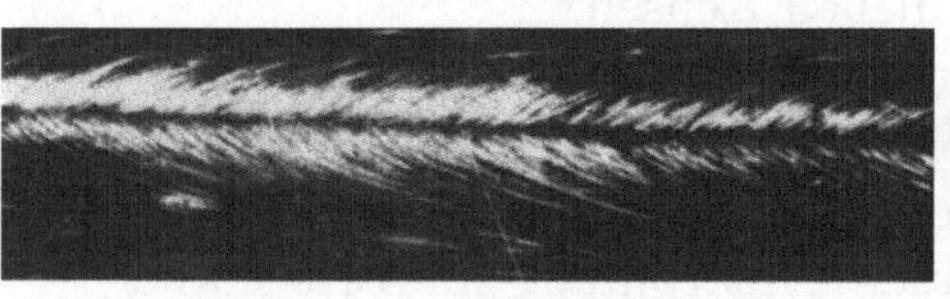

Strömungsrichtung →

Abb. 8. Photographie eines Tragflügelrandwirbels im Wasserkanal ([33], Abb. 32)

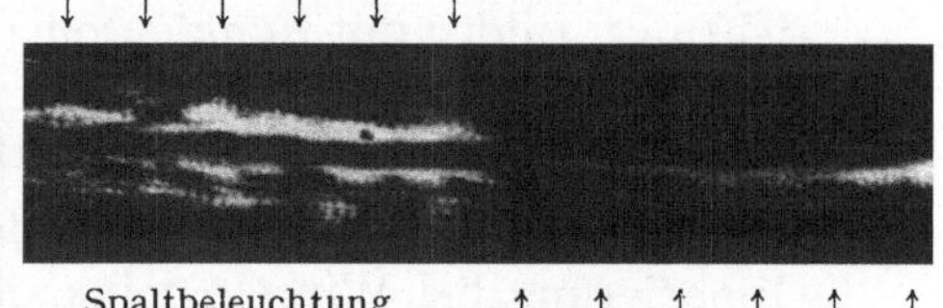

Spaltbeleuchtung   ↑ ↑ ↑ ↑ ↑ ↑
Strömungsrichtung →

Abb. 9. Photographie eines Tragflügelrandwirbels im Windkanal ([31], Abb. 134). Die Richtungsumkehr der Spaltbeleuchtung wurde mit Hilfe eines Spiegels erzielt

bereiches erfolgt[6]. In der Wirbelzone dagegen, wo eine tangentiale Orientierung der Lamellen eintritt, reflektiert eine viel größere Anzahl der Aluminiumlamellen. Daher sind die Leuchtlinien viel dichter und es tritt, teilweise durch Leuchthofbildung in der photo-

---

[5] Bei den vorliegenden Grenzschichtuntersuchungen ist außerdem noch das Verhalten von Lamellen in Scherströmung als Rotationsursache zu berücksichtigen [34].

[6] Die Aluminiumlamelle hat, durch die Unregelmäßigkeiten ihrer Flächenstruktur bedingt, eine annähernd glockenförmige Reflexionscharakteristik ([31], S. 77—78).

graphischen Emulsion, ein Überfließen der einzelnen hellen Striche in helle Flecken oder Zonen ein. Die Abb. 9 (Tragflügel im Windkanal [31], Abb. 134) wurde intermittierend beleuchtet, was eine Geschwindigkeitsmessung ermöglicht. Die Spaltbeleuchtungsrichtung verläuft absichtlich auf der linken Hälfte des Bildes von oben nach unten und wird auf der rechten Seite mit Hilfe eines Spiegels von unten nach oben gelenkt. Dadurch tritt auf dem linken Teil die Struktur nach Schema (A) auf und auf der rechten Hälfte nach Schema (B).

Es wäre noch zu bemerken, daß im Zentrum des Wirbelkernes viel weniger Leuchtspuren auftreten. Dieser Effekt kommt insbesondere bei Stromlinienaufnahmen in Querschnitten normal zur Wirbelachse zum Vorschein.

Bei den Visualisierungen des konvektiven Umschlages im Wassertank und in Luft treten Strömungsbilder von längswirbelartigen Strukturen auf, die eine große Ähnlichkeit mit den diskutierten Bildern haben[7]. Eine Anlehnung an diese Bilder des Tragflügelrandwirbels erleichtert daher ihre Deutung.

Bei dem zu untersuchenden Auftreten von Längswirbeln im Bereich des konvektiven Umschlages handelt es sich rein visualisationsmäßig um eine relativ schwierige Aufgabe. Es ist bei sehr kleinen Geschwindigkeiten das Entstehungsstadium von schwachen sekundären freien Wirbeln nachzuweisen, innerhalb einer von Tollmien-Schlichting-artigen Wellen primär gestörten Grundströmung, die sich mit Wellenfortpflanzungsgeschwindigkeit weiterbewegen. Dieser instationäre Vorgang ist nicht einmal streng periodisch, da noch Schwankungen und langsame Pendelbewegungen in Spannweitenrichtung der Längswirbelstraßen auftreten.

Es wurde daher im Wassertank insbesondere die Visualisierung mit Aluminiumlamellen angewendet, die im Vergleich zu Polysterolkügelchen zusätzliche Informationen durch die oben beschriebenen Orientierungseffekte ermöglichten, da, wie früher erwähnt[8], Streichlinieninformationen mit Hilfe von Flüssigkeitsfäden und Rauchfäden bei instationären Vorgängen allein nur bedingt auswertbar sind.

Bei den Leuchtspuren der Partikel wirken sich allerdings auch verschiedene Nebeneffekte aus, die bei der Interpretation und Aus-

---

[7] Es ist allerdings immer die sehr große Intensität der Tragflügelrandwirbel zu beachten, so daß naturgemäß auch die Visualisationsbilder viel ausgeprägter sind als die beim konvektiven Umschlag erhaltenen.

[8] Vgl. S. 5.

wertung berücksichtigt werden müssen. Bei Beobachtungen mit
Aluminiumlamellen treten Eigenrotationen der Lamellen in der
Grenzschicht-Scherströmung auf[9]. Es bestehen schon zur Zeit
mehrere theoretische und experimentelle Arbeiten, die die Probleme
der Abbildungstreue von Partikelbahnen in Scherströmung und
des Entmischungseffektes bei Scherströmung in Wandnähe behandeln ([34], [35], [36], [37] u. a.). Trotzdem sind diese Effekte,
insbesondere das Verhalten und die Ursachen der Lamellenorien-
tierung in Scherströmung noch nicht restlos geklärt. Nach der in
den vorliegenden Versuchen gesammelten Erfahrung kann man bei
der konvektiven Grenzschichtströmung Aluminiumflitterchen- und
Polysterolkügelchen-Visualisierungen im Umschlaggebiet mit einiger Vorsicht anwenden[10].

Bei der Platte in Luft wurde die Visualisierung mit Hilfe von
Rauchfäden durchgeführt. Der Rauch wurde in einem Rauch-
erzeuger durch die Verbrennung von Schnittabak hervorgerufen.
Auf turbulenzarmen Rauchaustritt wurde besonders geachtet.
Gleichzeitig durchgeführte Hitzdrahtmessungen ergaben aber trotzdem eine geringe Beunruhigung des Strömungsfeldes und ein etwas
früheres Auftreten der Störungswellen. Die Rauchfäden wurden
purch einen verstellbaren, am Boden gelagerten Rauchkamm[11],
durch Einzeldüsen oder durch Löcher in der hohlen Vorderkante
der Platte[12] in das Strömungsfeld eingeführt.

---

[9] Diese sind durch Lamellenunsymmetrien und Lamellenverhalten in
Scherströmung [34] bedingt.

[10] Eine gewisse Behinderung verursachte dagegen die Veränderung des Brechungsindexes des Wassers in der unmittelbaren Nähe der geheizten Platte. Dies
führte bei photographischen Aufnahmen tangential zur Platte zu Verzerrungen.

[11] Der Rauchkamm (Abb. 4) besteht aus einzelnen, 200 mm langen, zu-
gespitzten Messingrohren mit 3 mm Innendurchmesser, die auf 25 mm Abstand angeordnet sind. Der Kamm kann mit Hilfe einer mechanischen Fernbedienung rotiert und zur Platte hin- oder von ihr weggerückt werden.
In den seitlichen Rauchzuleitungen sind außerdem zwei elektrische Rauch-
erwärmer angebracht, um die Rauchdichte derjenigen der Luft anpassen
zu können, so daß der Raucheintritt möglichst störungsfrei erfolgen kann.
Der Körper des Rauchkammes ist außerdem wärmeisoliert, um ungleich-
mäßige Rauchabkühlung zu vermeiden. Bei richtiger Rauchregulierung ver-
breitet sich der Rauchfaden etwas, bevor er von der Anströmung in die
Grenzschicht hineingezogen wird. Es wurde besonders darauf geachtet,
Ausblaseeffekte zu vermeiden.

[12] In dem untersten 15 mm ⌀ Rohr der hohlen Vorderkante (Abb. 4)
sind 2 mm ⌀ Löcher in 25 mm Abstand angebracht. Beim darüberstehenden
rechteckigen Rohr von 15 × 20 mm Querschnitt sind Löcher von 2,5 mm ⌀,
ebenfalls in 25 mm Abstand angebracht und um die Hälfte des Lochabstandes
in bezug auf die untere Lochreihe versetzt.

1.4. Beleuchtungsquellen und photographische Ausrüstung

Bei Versuchen im Wassertank wird als Spaltlichtquelle ein 5×5 cm Diaprojektor Leitz Prado 500 benutzt (Abb. 1). Durch zusätzliche Wärmefilter werden konvektive Auftriebsströmungen im Spaltbereich weitgehend vermieden. Dias mit Blenden in Spaltform verschiedener Breite werden vom Projektor in die Mitte der Zone, in der die Beobachtungen durchgeführt werden, abgebildet. Ein normal zum Lichtspalt stehender Beobachter (oder Kamera) sieht von den regelmäßig in der Flüssigkeit verteilten Aluminiumflitterchen oder Polysterolkügelchen nur diejenigen, die im Lichtspalt liegen und das Licht reflektieren. Mit der verstellbaren Lichtspaltebene können daher Schnitte des Strömungsfeldes durchgeführt werden.

Bei der Platte in Luft wird bei Blitzlichtaufnahmen ein Braun Hobby Automatic Blitzlichtgerät von 135 Ws und $\approx^1/_{1000}$ sec Blitzlichtdauer benützt. Zur engeren Lichtbündelung wird ein zusätzlicher Reflektoransatz in der Form eines abgeschnittenen elliptischen Paraboloids aufgesteckt. Die dadurch mehrfach gesteigerte und relativ große Lichtintensität ist für die Durchzeichnung feinster Rauchfädenstrukturen notwendig. Bei geblitzten Robot Serien- und 16 mm Schmalfilm-Aufnahmen wird ein Drello Serienblitzgeber Typ 1018 Spezial mit Xenon Stroboskopröhre BLR 250/4 benutzt (maximale Blitzenergie 14 Ws je Blitz; Leuchtdauer, je nach Blitzlichtstärke, 20—400 µsec). Um eine engere Lichtbündelung zu erzielen, wird auch hier ein ähnlicher Reflektoraufsatz benutzt, der einen schmalen Streifen von etwa 600 mm Höhe voll ausleuchtet.

Für Serienaufnahmen wird eine Robot Star II Kamera mit Objektiv Xenon 1:2/45 mm mit elektromagnetischer Fernauslösung benutzt.

Der größte Teil der Strömungsaufnahmen wurde mit einer Exakta Varex II a Spiegelreflexkamera mit Objektiv Jena T 2,8/50 mm und Steinheil Quinar 1:2,8/135 mm gemacht.

Für Stereoaufnahmen wird eine einfache Stereokamera verwendet, die sich aus zwei Leitz 1:4/100 mm Elmar Vergrößerungsobjektiven, 2 Compurverschlüssen und 2 Rollfilmadaptern zusammensetzt. Die Basisbreite ist veränderlich. Meistens wird die Basisbreite 85 mm benutzt. Die Objektivachsen laufen parallel. Die 60×60 mm Einzelbilder werden zu 60×130 mm Stereodias oder Kontaktpapierabzügen zusammengefügt. Die Betrachtung erfolgt durch ein Zeiss Aerotopo Taschenstereoskop (von 90 mm Brennweite). Ein Stereometer mit verschiebbaren Meßmarken gestattete relative Höhenvergleiche.

Für 16 mm Schmalfilmaufnahmen wird eine Bolex H 16 RX Reflexkamera mit dem Objektiv Swittar 1,4/25 mm benutzt. Sie ermöglicht Aufnahmen bis 64 Bilder/sec. Ein zusätzlich eingebauter transistorisierter Photodiode Impulsgeber gestattet eine Blitzlichtbeleuchtung jedes Einzelbildes mit Hilfe des oben erwähnten Drello Serienblitzgebers. Dadurch wird das Auftreten von Bewegungsunschärfe bei den relativ sehr schnell verlaufenden Zerfallsvorgängen im Umschlaggebiet bei Rauchfädenaufnahmen vermieden.

Als Negativmaterial wurde meistens der Adox KB 14 Film verwendet, der im Adox E 24 Entwickler kontrastreich entwickelt wurde unter gleichzeitiger Erhöhung der Empfindlichkeit auf etwa 21° DIN. Die notwendige starke Kontrastbildung bei den Visualisierungsbildern wurde zum Teil in die Negativentwicklung verlegt und dann weiter bei der Papier- oder Diaverarbeitung verstärkt[1].

Die Oszillographenaufnahmen wurden mit der Robot auf Agfa Agepe Film gemacht. Für die erste Auswertung der Aufnahmen und Oszillogramme wurde ein Mikrofilm-Lesegerät verwendet.

Die Aufnahmedaten für die einzelnen Abbildungen sind im Anhang zusammengefaßt, insbesondere: Kamera- und Beleuchtungsrichtung, Abbildungsmaßstab, Exponierungsdauer und Bildkoordinaten — falls nicht direkt aus der Abbildung ersichtlich.

1.5. Temperaturmessungen

Die Probleme der stationären Temperaturmessungen bei freier Konvektion wurden von KRAUS [38] eingehend beschrieben. Die Versuchsergebnisse sind in ausreichender Übereinstimmung mit den theoretischen Betrachtungen [39], [6].

Als Temperaturgeber wurden in der vorliegenden Arbeit Thermoelemente und sehr schwach geheizte Hitzdrähte angewendet.

Als Thermoelementmaterial wurde für Temperaturfeldmessungen im Wassertank und Oberflächentemperaturmessungen der Platte in Luft Kupfer-Konstantandraht von 0,1 mm ⌀ benutzt.

---

[1] Frau I. FRANCKE bin ich für die außerordentlich große Mühe und Geduld, bei den wiedergegebenen photographischen Vergrößerungen die bildwichtigen Partien kontrastreich herauszuholen, sowie für die sorgfältige Anfertigung der Diagramme sehr dankbar.

Bei Temperaturmessungen in Luft wurden blanke, stumpf verschweißte Thermoelemente aus 0,03 mm $\varnothing$ Chromnickel-Konstantandraht verwendet. Die Zeitkonstante dieser Thermoelemente war in bezug auf die erzwungenen Störfrequenzen von 0,6—2 Hertz noch hinreichend klein.

Stationäre Temperaturmessungen wurden mit Hilfe eines Hartmann & Braun Galvanometers, Typ THLS, durchgeführt. Er gestattet Temperaturmessungen mit einer Genauigkeit von $^1/_{20}$° C.

Die Störungs-Temperaturschwankungen wurden auf einem Tektronix Zweistrahl-Kathoden-Oszillographen, Modell 502, der mit zwei identischen Gleichspannungs-Differenz-Verstärkern (Ablenkfaktor 200 µV/cm) ausgerüstet ist, beobachtet und mit der Robot Star II Kamera photographiert.

1.6. Geschwindigkeitsmessungen

Die bisher publizierten Arbeiten über Grenzschicht-Geschwindigkeitsmessungen bei freier Konvektion beschränkten sich, m.W., nur auf die Ausmessung des stationären oder mittleren Geschwindigkeitsfeldes:

KRAUS [38] berichtete eingehend über die von SCHMIDT und BECKMANN [39] eingeführte Quarzfaden-Anemometer-Methode, die auf der Messung der Durchbiegung eines angeströmten, einseitig eingespannten dünnen Quarzfadens basiert. Diese Methode ist aber weder für die punktförmige Bestimmung der Störungsgeschwindigkeiten noch für instationäre Geschwindigkeitsmessungen anwendbar.

Optische Methoden der Geschwindigkeitsmessung mit Hilfe der Chronophotographie [31], [32], [40], die auch schon von EICHHORN [41] für Messungen bei freier Konvektion längs einer vertikalen Platte benutzt wurde, versagen bei der Bestimmung der Störungsgeschwindigkeiten, da sie bei einem noch erträglichen Aufwand nicht die erforderliche Genauigkeit besitzen.

Hitzdrahtmessungen der mittleren Geschwindigkeitsverteilung einer turbulenten Grenzschicht wurden schon 1922 von GRIFFITHS und DAVIS [42] durchgeführt. Später jedoch wurde die Hitzdrahtmethode für Grenzschicht-Instabilitätsmessungen nicht herangezogen. Ein Versuch von SCHOENHALS und CLARK [43], die von ihnen erhaltene theoretische Lösung der Geschwindigkeitsverteilung in der Grenzschicht einer transversal schwingenden vertikalen Wand bei freier Konvektion durch Hitzdrahtmessungen experimentell zu überprüfen, stieß auf Schwierigkeiten.

Es mag aber hier erwähnt werden, daß es gerade die Hitzdraht-methode in Kombination mit der Erzeugung von kontrollierten Grenzschichtstörungen war, die es Schubauer [15] ermöglichte, die Tollmien-Schlichtingsche Instabilitätstheorie bei der Blasius-schen Plattenströmung experimentell glänzend zu bestätigen; weitere Hitzdrahtuntersuchungen [13], [14], [16], [17], [18], [19] lieferten wertvolle Erkenntnisse für den Umschlagvorgang. Die Messung und Registrierung der sehr kleinen Störungsgeschwindig-keiten im Beginn des Umschlaggebietes mit Amplituden, die oft nur Teile eines Prozents ausmachen, um noch im quasilinearen Bereich des Anfachungsvorgangs zu verbleiben, sind eigentlich nur durch die Hitzdrahtmethode möglich geworden.

Es war daher naheliegend, den Versuch zu unternehmen, die Hitzdrahtmethode für die Messung der Störungsgeschwindigkeiten zu benutzen, allerdings bei einer kritischen Überprüfung ihrer Eignung und Begrenzungen.

Im folgenden werden nur die bei Hitzdrahtmessungen bei freier Konvektion auftretenden spezifischen Probleme erörtert. Für eine eingehende Behandlung und Stand der Hitzdrahtmeßtechnik wird auf [44], [45], [46] und [47] hingewiesen.

1.7. Hitzdrahtmessungen sehr kleiner Geschwindigkeiten bei gleichzeitig auftretenden Lufttemperaturschwankungen

Bei Hitzdraht-Geschwindigkeitsmessungen in der Grenzschicht einer geheizten Platte bei freier Konvektion ist die genaue Kenntnis des Hitzdrahtverhaltens bei sehr kleinen Geschwindigkeiten[1] unbe-dingt notwendig für die Auswahl der geeignetsten Hitzdraht-methode, -apparatur und -sondenparameter (Hitzdrahtlänge, -durch-messer, -Aufheiztemperatur), sowie insbesondere für die Auswertung der Hitzdrahtsignale und Abschätzung bzw. Korrektur des Ein-flusses der Lufttemperaturänderungen und -schwankungen auf die Grund- und Störungsgeschwindigkeiten.

Im Rahmen dieser Arbeit[2] stellt die Hitzdrahtmethode nur das Mittel dar, punktförmige Messungen der Störungsgeschwindig-

---

[1] Bei den vorliegenden Versuchen bewegt sich die Re-Zahl von 0 bis etwa 0,06 bei Strömungsgeschwindigkeiten bis 40 cm/sec und Hitzdraht-durchmessern von $\approx 3\ \mu\ \varnothing$.

[2] Herr cand. phys. P. Greiner untersucht zur Zeit in größerer Ausführ-lichkeit im Rahmen seiner Diplomarbeit das Verhalten von Hitzdrähten bei sehr kleinen Geschwindigkeiten bei gleichzeitigem Auftreten von Luft-temperaturänderungen.

keiten durchzuführen. Es konnte daher auch aus zeitlichen Gründen keine eingehendere Studie des Hitzdrahtverhaltens unternommen werden, das an und für sich äußerst kompliziert ist durch Interaktionseffekte der natürlichen mit der erzwungenen Konvektion bei extrem kleinen Geschwindigkeiten, durch die Temperaturabhängigkeit der Stoffwerte, durch das Auftreten von gewissen „slip-flow"-Effekten, sowie durch die endliche Länge des Hitzdrahtes und die Wärmeableitung der Hitzdrahthalterungen. Eine genaue theoretische Erfassung aller dieser Effekte ist nicht möglich.

Es wurde daher der Hauptwert auf die Erhaltung von Eichkurven der benutzten Hitzdrahtsonden gelegt unter Bedingungen, die denen bei der freien Konvektionsströmung längs der vertikalen Platte weitgehendst entsprechen. Dabei wurde insbesondere der Einfluß der Lufttemperaturänderungen und der vertikal nach oben verlaufenden Strömungsrichtung untersucht. Es zeigte sich, daß der Einfluß der vertikalen Strömungsrichtung nur bei den äußerst kleinen Re-Zahlen innerhalb des Interaktionsgebietes der freien mit der erzwungenen Konvektion eine geringe Bedeutung hat und bei der schon ausgebildeten erzwungenen Konvektion praktisch verschwindet. Daher konnten auch die experimentellen Ergebnisse über die freie und erzwungene zweidimensionale Konvektion von geheizten Drähten in horizontaler Luftströmung bei kleinen Gr- und Re-Zahlen von COLLIS und WILLIAMS [48], [49] und [50] herangezogen werden, die zur Zeit die einzigen systematischen Resultate für den Bereich unter $Re = 1$ darstellen und insbesondere den Einfluß von Hitzdraht- und Lufttemperaturänderungen auf die Kennlinie richtig wiedergeben[3]. Ihre zweidimensionalen Messungen sind natürlich nicht direkt auf die für die Geschwindigkeitsmessungen benutzten kürzeren Hitzdrähte übertragbar, da eine genaue Berücksichtigung der Wärmeableitung der Hitzdrahthalterungen und des mit kleineren Geschwindigkeiten größer werdenden Einflusses des Verhältnisses l/d nicht möglich ist. Sie liefern aber eine qualitative Erklärung des Vorganges sowie die Möglichkeit der Abschätzung des Einflusses der Luft- und Hitzdrahttemperatur sowie der verschiedenen Hitzdrahtparameter. Einen weiteren qualitativen Einblick ergeben die Arbeiten von COLE und ROSKO [51], TOMOTIKA und YOSINOBU [52] und MAHONY [53].

---

[3] Die sonst bei den Hitzdrahtmessungen verwendete Kingsche Gleichung [54] erwies sich hier als zu ungenau, ebenso wie die von CORRSIN [55] und [56] durchgeführten Untersuchungen über die Temperaturabhängigkeit der Koeffizienten dieser Gleichung.

Die Hitzdrahtmessungen in der vorliegenden Arbeit wurden mit der Methode $I = $ const. durchgeführt. Eine typische Hitzdrahteichkurve ist auf Abb. 10 wiedergegeben.

Die Interaktionseffekte machten sich wieder durch das Abweichen von der Kurve der erzwungenen Konvektion bemerkbar.

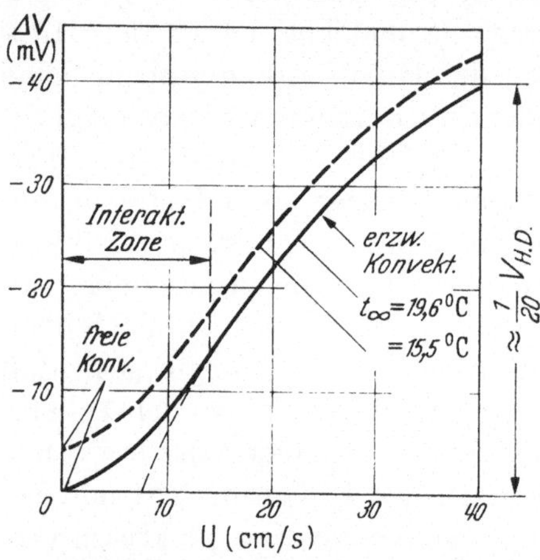

Abb. 10. Hitzdrahteichkurve für Hitzdrahtstrom I const. $= 18{,}8$ mA, Hitzdrahtlänge $l = 1{,}5$ mm und Hitzdrahtdurchmesser $d \approx 3\,\mu$. Es bedeuten: U Strömungsgeschwindigkeit; ΔV Spannungsänderung in der Hitzdraht-Meßbrückendiagnonale (Abb. 11) in bezug auf das Brückengleichgewicht bei $U = 0$; $V_{\mathrm{H.D.}}$ Spannungsabfall am Hitzdraht; t_∞ Lufttemperatur

Das Zusammenspielen verschiedener Effekte aber, insbesondere des kleinen l/d Verhältnisses und der Temperaturabhängigkeit der Stoffwerte beim Hitzdrahtbetrieb mit $I = $ const. ergab einen in einem gewissen Geschwindigkeitsbereich quasilinearen Verlauf der Spannungsänderung in der Brückendiagonale und, innerhalb der Meßgenauigkeit, kein Auftreten einer Zweideutigkeit der Geschwindigkeitsanzeige wie bei COLLIS und WILLIAMS [48] und SIMMONS [57]. Änderungen der Lufttemperatur verursachten ein annähernd paralleles Verschieben der Kennlinie. Für den auf Abb. 10 angegebenen Hitzdraht betrug die gemessene Temperaturempfindlichkeit der Hitzdraht-Geschwindigkeitsanzeige

$$\frac{\partial U}{\partial T_\infty} = 0{,}68 - 0{,}85 \, \frac{\mathrm{cm/s}}{{}^\circ\mathrm{C}} \quad \text{für } I = 18{,}8 \text{ mA}$$

und verringerte sich bei Erhöhung des Hitzdrahtstromes auf 22,5 mA auf ca. $^1/_5$ des obigen Wertes. Die Lebensdauer der Hitzdrähte war dann allerdings kürzer.

Als Zusammenfassung der durchgeführten Hitzdrahteichungen und -messungen der Störungsgeschwindigkeiten kann gesagt werden, daß bei sorgfältiger Beachtung der gleichzeitig auftretenden Lufttemperaturänderungen und -schwankungen die Hitzdrahtmethode durchaus zuverlässige Resultate liefern kann, insbesondere im Anfangsstadium des Umschlages, wo turbulente Mischvorgänge in der Grenzschicht mit stärkeren Temperaturschwankungen noch nicht auftreten. Korrekturen sind beim gleichzeitigen Registrieren der Störungsgeschwindigkeiten und -temperaturen natürlich möglich und insbesondere dort notwendig, wo die Störungsgeschwindigkeiten relativ klein in bezug zu den Temperaturschwankungen sind, z. B. in der Nähe des Minimums der u-Störungsgeschwindigkeit beim Phasensprung (Abb. 53) und bei der Bestimmung des Geschwindigkeitsprofils der Grundströmung. Durch geeignete Wahl des Hitzdrahtdurchmessers ist es möglich, den für die Auswertung der Oszillogramme bequemen quasilinearen Teil der Kennlinie in das zu beobachtende Geschwindigkeitsintervall zu verschieben.

1.8. Hitzdrahtapparatur, -sonden und -eichung

Wie schon unterstrichen, wird hier nur auf das für Grenzschichtmessungen bei freier Konvektion Spezifische eingegangen.

1.8.1. Hitzdrahtapparatur. Die Anforderungen, die an Hitzdrahtapparaturen bei den konvektiven Umschlagmessungen gestellt werden, sind einerseits geringer als bei den üblichen Hitzdrahtmessungen, weil die Periode der beobachteten Vorgänge im Vergleich zur Zeitkonstanten des Hitzdrahtes relativ sehr groß ist[1]. Dadurch erübrigt sich die Notwendigkeit der Kompensation der thermischen Trägheit. Andererseits sind die Änderungen des Hitzdrahtwiderstandes bei der $I = $ const. Methode (bzw. des Hitzdrahtstromes bei der $T_w = $ const. Methode) bei der Messung der relativ zur Grundströmung sehr kleinen Störungsgeschwindigkeiten sehr gering, so daß die Anforderungen an die Konstanthaltung des Speisestromes bzw. der Hitzdrahttemperatur recht hoch sind. Insbesondere ist bei der Verstärkung und Registrierung der Hitzdrahtsignale auf die Erzielung einer großen Nullpunktstabilität und kleiner Rauschspannungen zu achten.

Bei den vorliegenden Versuchen wurde die Methode $I = $ const. benutzt. Wie im vorhergehenden Abschnitt beschrieben, war dabei die Geschwindigkeitsanzeige eindeutig und in einem gewissen Bereich quasilinear.

Das Schema der benutzten Brückenmeßanordnung ist in Abb. 11 wiedergegeben. Bei dem Bau der Hitzdrahtbrücke, die doppelt ausgeführt wurde, wurde auf die Verwendung von Bauelementen hoher Präzision und Temperaturunabhängigkeit geachtet. Wie

---

[1] 0,5—2 sec im Vergleich zur Hitzdraht-Zeitkonstanten von einigen msec Größenordnung bei Hitzdrähten von 3—5 μ $\varnothing$.

ersichtlich, werden die zwei Hitzdrahthälften der V- oder X-Hitz-
drähte an die Klemmen 1—2 und 3—4 angeschlossen. Der Haupt-
brückenausgleich für die u-Komponente und der Hilfsbrücken-
ausgleich für die v- oder w-Anzeige[2] wurde mit Hilfe eines Tektronix
Zweistrahl-Oszillographen Modell 502 durchgeführt[3]. Einfache
u-Hitzdrähte werden an 1—4
angeschlossen. Die Speisung
der Brücke erfolgte aus einer
Akkumulatorbatterie genü-
gend großer Kapazität. Der
Hitzdrahtstrom wurde in ruhender Luft durch Spannungs-
abfallmessung an dem im gleichen Brückenzweig liegenden
Widerstand einreguliert[4]. Der
zeitliche Verlauf der Störungsgeschwindigkeiten wurde als
Ausschlagmessung mit ver-
schobenem Nullpunkt[5] mit
Hilfe von Robot Serienaufnahmen registriert.

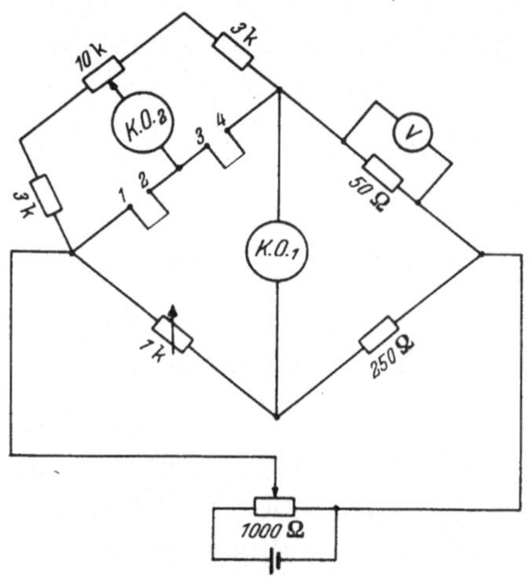

Abb. 11. Schema der benutzten Hitzdraht-
Meßbrücke

Die oben beschriebene Apparatur gestattet die gleichzeitige
Registrierung von zwei Geschwindigkeiten. Die Möglichkeit der
gleichzeitigen Messung und Registrierung der Quer- und Längs-
geschwindigkeitsschwankungen im gleichen Punkt oder des Ver-
gleichs der Störungsgeschwindigkeiten in zwei verschiedenen Punkten erwies sich bei den Untersuchungen der Schwankungen der

---

[2] Dabei bedeuten wie üblich: u Komponente der Störungsgeschwindigkeit in Strömungsrichtung, v Komponente senkrecht zur Wand, w Komponente in Spannweitenrichtung.

[3] Die Daten des auch zu Temperaturmessungen benutzten Oszillographen
sind auf S. 21 angegeben. Durch die Verwendung der serienmäßigen
Gleichstrom-Differenzverstärker des benützten Oszillographen mit hoher
Nullpunkt-Stabilität und Verstärkung konnte eine zeitraubende Eigenentwicklung des elektronischen Teiles der Hitzdrahtapparatur vermieden werden, da eine Kompensation der thermischen Trägheit des Hitzdrahtes nicht
notwendig ist.

[4] Die noch bei Luftgeschwindigkeitsänderungen auftretenden kleineren
Brückenstromänderungen wurden durch die Eichung mit berücksichtigt.

[5] Dies ermöglichte das gleichzeitige Erkennen der langsamen Schwankungen der Grundströmungsgeschwindigkeit, was wichtige Rückschlüsse auf
die Periodizität und Reproduzierbarkeit des dreidimensionalen Umschlagvorganges bei erzwungenen Störungen gestattete, andererseits viel höhere
Anforderungen an die Verstärker stellte.

Wirbelstraßen in Spannweitenrichtung als vorteilhaft und notwendig. Durch induktive Kopplung kann gleichzeitig im Oszillogramm der Anfang der Pulsdrahtstörung als Zacke mitregistriert und ein Phasenvergleich der einzelnen Störungsgeschwindigkeiten untereinander und in bezug auf die Pulsdrahtstörung durchgeführt werden. Gleichzeitig wird auch die Regelmäßigkeit und Reproduzierbarkeit der erzwungenen Störungen kontrolliert.

Bei den im Anschluß an diese Arbeit geplanten weiteren Untersuchungen hängt viel davon ab, ob es durch geeignete Beruhigung der Anströmungsverhältnisse und Gestaltung der dreidimensionalen Störungserzeuger möglich sein wird, den dreidimensionalen Umschlagvorgang periodisch und reproduzierbar zu gestalten. Sollte dies der Fall sein, dann würde die vorliegende, mit entsprechenden Vorverstärkern verbesserte, zweikanalige Ausrüstung genügen und die weiteren Messungen würden einen routinemäßigen Verlauf wie bei [17] annehmen können. Sollte dies aber nicht möglich sein, so müßte man versuchen, den Umschlagvorgang — ähnlich wie bei [19] — gleichzeitig mit einer größeren Anzahl von Hitzdrähten zu messen. Der instrumentelle Aufwand einer voraussichtlich benötigten 10-kanaligen Meßapparatur[6] sowie die wesentlich größere Auswertungsarbeit wären dann aber unvermeidbar, und die Untersuchungen dementsprechend langwieriger.

Nach den bisher vorliegenden Erfahrungen ist anzunehmen, daß man, wenigstens für die Messungen im Beginn des Umschlaggebietes, ohne Zeitkonstanten- und Lufttemperatur-Kompensation auskommen kann. Sollte dies bei Messungen im weiteren Verlauf des Umschlages nicht der Fall sein, so wäre es technisch ohne weiteres möglich, die Zeitkonstante bei der $I = $ const. Methode durch ein korrigierendes Glied zu verkürzen, bei der $T_w = $ const. Methode wird sie ja schon sowieso durch die Regelung einer konstanten Hitzdrahttemperatur ausgeschaltet. Durch geeignete Schaltungsmaßnahmen könnte man die in Hitzdrahtnähe gemessene schwankende Lufttemperatur zur automatischen Geschwindigkeitskorrektur benutzen, wie es schon Rose [58] erörtert hat.

1.8.2. Hitzdrahtsonden. Allzu kleine Hitzdrahtdurchmesser sind zu vermeiden, um nicht zu sehr in das Gebiet der „slip"-Effekte

---

[6] Dabei wären die Kosten, bei Benutzung zur Zeit kommerziell erhältlicher Verstärker und Registriereinrichtungen erheblich. Eine Eigenentwicklung einer optimal angepaßten Meßkette würde dagegen eine beträchtliche Entwicklungszeit benötigen.

hineinzukommen. Andererseits bewirken kleine Hitzdrahtdurchmesser ein Verkleinern der Zone der Interaktions- und Auftriebseffekte, der thermischen Trägheit des Hitzdrahtes und der durch die endliche Hitzdrahtlänge auftretenden Wärmeableitung durch die Halterungen sowie der Endeffekte, die insbesondere bei sehr kleinen Geschwindigkeiten und in der Zone der gemischten Strömung groß sind.

Als geeignete Hitzdrahtdurchmesser erwiesen sich Durchmesser von etwa $3\,\mu$ und Hitzdrahtlängen von $1{,}0—1{,}7$ mm. Die quasilineare Zone bei der $I=$ const. Methode fiel dabei auch in das bei Störungsgeschwindigkeitsmessungen am meisten vorkommende Geschwindigkeitsgebiet.

Bei Temperaturmessungen mit schwach geheizten Hitzdrähten wurden aber zwecks Empfindlichkeitserhöhung größere Hitzdrahtlängen bis etwa 5 mm sowie kleinere Hitzdrahtdicken von $\approx 1\,\mu\varnothing$ benutzt.

Die großen Grenzschichtdicken erleichtern insbesondere die Messungen der v-, w- und W-Quergeschwindigkeiten, da Interaktionen durch Temperatur- und Geschwindigkeitsgradienten weitgehend vermieden werden konnten[1]. So wurden (wie bei Schubauer und Klebanoff [13], [17]) für die Messung der w- und W-Quergeschwindigkeiten V-Sonden[2] den X-Sonden vorgezogen. Dadurch sind die Hitzdrähte dem normal zur Wand stärkeren Temperatur- und Geschwindigkeitsgradienten entzogen. Bei den Messungen der v-Geschwindigkeiten wurden dagegen X-Sonden verwendet; die Drähteabmessungen, Toleranzen und Winkel entsprachen denjenigen der V-Sonden. Da die Drähte nahe nebeneinander verliefen, wurden die Einflüsse der wesentlich stärkeren Geschwindigkeits- und Temperaturgradienten quer zur Wand größtenteils vermieden. Auch bei den V- und X-Hitzdrähten wurde der Hauptwert auf die Erhaltung von zuverlässigen Eichkurven für verschiedene Lufttemperaturen gelegt. Eine eingehendere Behandlung der Anströmungswinkel-Empfindlichkeit von einfachen Hitzdrähten und X- und V-Sonden ist in [44], [59], [60], [61], [62] und [63] gegeben.

---

[1] Ihr Einfluß wurde von Fall zu Fall abgeschätzt.

[2] Bei den V-Sonden lagen die V-förmig spitz zueinander stoßenden Hitzdrähte in der gleichen Ebene. Die Länge der einzelnen Drähte betrug $\approx 1{,}5$ mm, der Winkel, den die Drähte bildeten, $90° \pm 3°$. Die beiden Hitzdrahtwiderstände unterschieden sich um $<10\%$.

Da Belastungen durch aerodynamische Kräfte nicht bestehen, konnte die Sondenkonstruktion sehr schlank und flach durchgeführt werden, um Grenzschichtstörungen zu vermeiden. Als Drahtmaterial wurde Wollaston-Platin-Draht verwendet.

1.8.3. Windkanal für Hitzdrahteichungen. Die Hitzdrahtsonden wurden in einem kleinen, rechteckigen, offenen Windkanal[1] ohne Rückführung geeicht, der den gleichen Meßstrecken-Querschnitt von 126×12 mm hatte wie der seinerzeit von SCHMIDT und BECKMANN [39] und KRAUS [38] benutzte Windkanal für Quarzfaden-Anemometer-Eichungen:

Die Luft wird von einem regulierbaren Ventilator durch einen Windkessel und eine Drosselstrecke in die Beruhigungskammer des Windkanals geleitet, die mit Gleichrichter und mehreren Beruhigungssieben versehen ist. Die Kontraktion des Kollektors beträgt $1:7$. Die Länge des aus zwei Spiegelglasflächen gebildeten Kanals ist 2000 mm, so daß schon ausreichend lange vor der Meßstrecke die Kanalströmung voll laminar ausgebildet ist. Die Geschwindigkeit wird durch Druckabfallmessung an zwei 1000 mm entfernten Stellen in der voll ausgebildeten Poiseuille-Strömung des Zuleitungsrohres bestimmt und mit einer Toeplerschen Libelle gemessen, die mit Hilfe eines abschaltbaren Gaszählers geeicht wird. Die wirksame Breite des Kanals wird wie bei SCHMIDT [39] korrigiert. Der Geschwindigkeitsmeßbereich beträgt 0—45 cm/sec, der Fehler in der Geschwindigkeitsbestimmung ist $<2\%$ der maximalen Geschwindigkeit. Der ganze Windkanal ist drehbar montiert, so daß insbesondere der Einfluß der vertikalen Strömungsrichtung untersucht werden kann. Ein aus Teilen einer Kleindrehbank zusammengebautes Koordinatengerät ermöglicht die genaue Ausmessung der Temperatur- und Geschwindigkeitsverteilung in der Meßstrecke und das Hineinbringen der verschiedenen Sonden. Das parabolische Geschwindigkeitsprofil in der Meßstrecke gestattet neben reinen Geschwindigkeits- und Anstellwinkel-Eichungen der Hitzdrähte auch in gewissen Grenzen die Nachprüfung und Abschätzung des Einflusses des Geschwindigkeitsgradienten auf die verschiedenen Sondenarten und Sondenlagen und die Überprüfung der Richtigkeit der Korrekturannahmen. Die Lufttemperatur beim Hitzdraht wird durch Thermoelemente im Kanal und mit Hilfe des schwach geheizten Hitzdrahtes selbst bestimmt.

---

[1] Von Herrn cand. phys. P. GREINER im Rahmen seiner Diplomarbeit gebaut.

Um die Hitzdrahtkennlinien bei verschiedenen Lufttemperaturen aufzunehmen, ist vor dem Gleichrichter eine Heizwicklung aus Widerstandsdraht angebracht. Außerdem ermöglichen in mehrere Sektionen aufgeteilte Heizwicklungen, die auf den beiden Glasseiten des Kanals angebracht sind, eine Erwärmung der Kanalwände. Der ganze Windkanal und die Zuleitung zur Toeplerschen Libelle sind sorgfältig mit Glaswolle wärmeisoliert.

1.9. Zwei- und dreidimensionale Störungserzeuger

Ohne Störungserzeuger ist die Entstehung der zweidimensionalen Tollmien-Schlichting-artigen Störungswellen und ihre dreidimensionale weitere Entwicklung ein von den zufälligen Anströmungsunregelmäßigkeiten abhängiger Vorgang, der die Auswertung und den Vergleich der punktförmigen Messungen der Störungsgeschwindigkeiten außerordentlich erschwert.

Der Erfolg der von Schubauer [15] zuerst durchgeführten Grenzschicht-Instabilitätsmessungen ist, neben den vielen Maßnahmen zur Erzielung eines Strömungsfeldes außerordentlich kleiner Turbulenz, auch auf die sorgfältige Ausbildung des zweidimensionalen Störungserzeugers in der Form eines in Plattennähe schwingenden Bandes zurückzuführen. Die von Schubauer schon in [15] konstatierten dreidimensionalen Effekte, die später in [13] und [16] eingehender untersucht wurden, konnten erst durch Anbringen dreidimensionaler Störungserzeuger in der Form von alternierend aufgeklebten Tesafilmstreifen, die kleine, in der Spannweite periodische Störungen in die Grenzschichtströmung hineinbrachten, systematischer erforscht werden [17].

Bei den vorliegenden Versuchen bei der Platte in Luft wurden zweidimensionale Störungen in der Grenzschicht durch einen über die ganze Plattenbreite gespannten 25 μ ⌀ Wolframdraht erzeugt (Abb. 5), der durch periodische Stromimpulse Wärmestörungen in die Grenzschicht hineinbrachte. Die vom Pulsdraht ausgehenden Wärmestörungen verursachen ihrerseits durch Diffusions- und Auftriebseffekte periodische Geschwindigkeitsstörungen, die dann nach einer äußerst kurzen Laufstrecke — je nach der Grashofschen Zahl — zu gedämpften oder angefachten Tollmien-Schlichting-artigen Störungen führen. Diese Pulsdrahtstörungstechnik wurde zuerst von Birch [3] und Gartrell [4] entwickelt und auch von Hollmann, Gartrell und Soehngen [2] bei interferometrischen Untersuchungen von Grenzschicht-Temperaturschwankungen verwendet. Bei den vorliegenden Versuchen wurden die Stromimpulse durch relaisgesteuerte Kondensatorentladungen erzeugt. Die Intensität der Stromimpulse wird durch die Wahl der Kondensatoraufladespannung und -kapazität geregelt. Auf die Erzielung konstanter und reproduzierbarer Impulse wurde besonders geachtet. Der Unterbrecherkontakt des Relais ist von einer Nockenwelle gesteuert, die von einem kleinen Synchronmotor mit Wechselgetriebe angetrieben wird. Die bei den Versuchen benutzte Störungsfrequenz umfaßte den Bereich von 0,4 bis etwa 3 Hz; die relative Impulsdauer betrug $^1/_{10}$ der Periode.

Es wurden verschiedene Stellungen des Pulsdrahtes ausprobiert. Die später beschriebenen Hitzdraht- und Rauchfädenvisualisationsversuche wurden für einen Wandabstand des Pulsdrahtes von 10,5 mm und 490 mm Pulsdrahtabstand von der Plattenvorderkante mit einer Störungsfrequenz von 1,65 Hz durchgeführt und ergaben sehr reine sinusartige Störungsgeschwindigkeiten bei den benutzten Plattenaufheiztemperaturen von 8—16° C.

Hitzdrahtmessungen bestätigen auch bei den vorliegenden Messungen, daß es eine Frequenz von etwa 1,6 Hz gab, wo sich die Störungen bei gleicher Störungsenergiezufuhr am stärksten und regelmäßigsten entwickelten. Bei merklich kleineren Frequenzen machte sich die Tendenz einer Frequenzverdoppelung bemerkbar.

Versuche, die Pulsdraht-Störungsmethode mit Wechselstromspeisung bei der Platte in Wasser anzuwenden, waren nicht erfolgreich, da eine störende Luftbläschenabscheidung der in Wasser aufgelösten Luft am Draht auftrat. Es ist geplant, die Methode des schwingenden Bandes auf die Platte in Wasser zu adaptieren.

Als dreidimensionale Störungserzeuger bei der Platte in Luft wurden verschiedene Anordnungen untersucht:

1. In Spannweitenrichtung periodisch aufgeklebte 75 mm breite, 50 mm hohe und 1 mm dicke Pertinax-Störungsplättchen[1]. Der Störungseffekt erwies sich noch als ungenügend, die Längswirbelstraßen in Spannweitenrichtung zu fixieren.

2. Versuche, die Störungen mit Hilfe von Randwirbeln kleiner Halbflügel zu erzeugen, die in Spannweitenrichtung in 75 mm Abstand und mit alternierenden Anstellwinkeln auf der Platte bei $x = 280$ mm angebracht wurden (Flügelhalbspannweite 16 mm, Flügeltiefe 5 mm, Anstellwinkel ± 5 oder $\pm 10°$), erwiesen sich auch als unzureichend.

---

[1] Analog der Anordnung in [17].

3. Es wurde noch die Tani-Komodasche Anordnung erprobt [18], die zur Zeit noch die besten Ergebnisse erbrachte, aber doch noch keine vollständige Stabilisierung ermöglichte: 0,2 mm dicke, 20 mm tiefe und 75 mm breite rechteckige Kartonflügel wurden in Spannweitenrichtung zwischen zwei 0,1 mm dicken aufgespannten Stahldrähten in 44 mm Plattenabstand und in der Entfernung $x = 280$ mm von der Plattenvorderkante angebracht. Der Anstellwinkel der kleinen Tragflügel war verstellbar und dadurch auch die Randwirbel- und Störungsintensität.

Bei allen drei Varianten der Störungserzeuger entsprach der gegenseitige Abstand der Mitte der Störungselemente annähernd der Wellenlänge $\lambda \approx 150$ mm, die sich bei natürlichem Umschlag in Spannweitenrichtung von selbst bildete.

Es könnte, am Ende, noch hinzugefügt werden, daß das seitliche Schwanken der Wirbelstraßen, wie es aus dem Schwanken der Störungsgeschwindigkeiten in Spannweitenrichtung zu folgern ist, nicht nur auf die Zufälligkeit der Anfangsstörungen zurückzuführen ist, sondern in einem gewissen Maß auch von selbst durch die nicht genau isothermen Plattenrandbedingungen entstehen könnte. Nach einer gewissen Zeit entwickeln sich durch die Sekundarbewegung der Längswirbel vertikale streifenartige Zonen kleinerer und größerer Plattenoberflächentemperaturen mit kleineren und größeren Auftriebsgeschwindigkeiten, die sich dann gegenseitig beeinflussen und verschieben.

Weitere Versuche dreidimensionaler Störungserzeugung bei der Platte in Luft mit einem aus verschiedenen Drahtdicken zusammengesetzten Pulsdraht mit in Spannweitenrichtung periodischer Wärmeabgabe sind geplant sowie eine Neuentwicklung und Anordnung der Heizelemente in vertikaler Richtung, die eine in Spannweitenrichtung periodisch veränderliche Plattenheizung ermöglichen würden. Das Schwierige an diesen Untersuchungen ist aber die Vermeidung eines unnatürlichen Umschlagverlaufes.

2.0. Versuche mit der Platte in Wasser

Die Visualisierungsversuche mit der Platte in Wasser wurden beim natürlichen Umschlag durchgeführt. Der Umschlagverlauf, insbesondere das Auftreten von Längswirbeln, ist daher nicht regelmäßig, sondern von zufälligen Störungen abhängig. Es wurde hauptsächlich eine Suspension von Aluminiumflitterchen für die Visualisierung benutzt.

In den folgenden Abschnitten wird über die durchgeführten Visualisierungsversuche an Hand von typischen Stromlinienbildern berichtet.

In Kapitel 4.0 werden im Rahmen der Schlußfolgerung die Ergebnisse in Wasser und in Luft zusammenfassend diskutiert.

2.1. Untersuchungen des Strömungsfeldes im Wassertank

Das Strömungsfeld um die Platte im Wassertank, insbesondere die Anströmungsverhältnisse, wurden eingehend untersucht, um sich zu vergewissern, ob keine wesentliche Änderung in der Grenzschichtströmung, durch die endlichen Abmessungen des Wassertankes[1] bedingt auftraten.

Durch lange Spaltlichtbeleuchtung (bis 45 sec) konnten Stromlinienbilder der Anströmung in vertikalen und horizontalen Querschnittebenen sichtbar gemacht werden. Die Versuche wurden zuerst im Wassertank ohne Oberaufbau (Abschnitt 1.1) durchgeführt. Dabei wurde in der äußeren Grenzschichtzone der oberen Plattenhälfte eine Rückströmung (Abb. 12) mit Bildung eines sehr schwachen, stehenden Querwirbels beobachtet, sowie ein freier Staupunkt mit Staulinienkreuz etwas unterhalb der Plattenvorderkante (Abb. 13). Diese beiden Erscheinungen haben auf die Grenzschichtausbildung ihren Einfluß.

Die Rückströmung bewirkt eine Änderung der Grenzschicht-

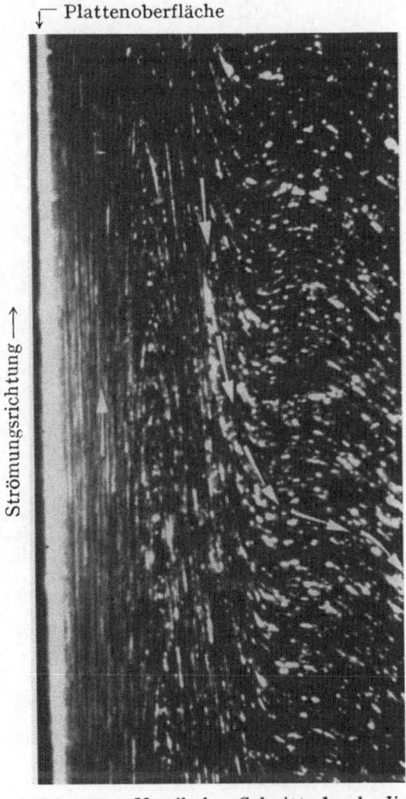

Abb. 12. Vertikaler Schnitt durch die Grenzschicht. Rückströmung in der äußeren Grenzschichtzone. (Objektivachse etwas in die Grenzschicht versetzt, daher Spaltlichtprojektion auf Platte als heller Strich sichtbar)

[1] Größere Tankabmessungen würden die Qualität der Photographien durch die längeren optischen Wege und durch die sich stärker auswirkenden Streuungseffekte der Aluminium-Flitterchen-Suspension verschlechtern. Außerdem mußte auch, kostenmäßig bedingt, ein gewisser Kompromiß bei den Tankabmessungen geschlossen werden.

profile. Es werden außerdem in der Zone der Rückströmung keine neuen Flüssigkeitspartikel in die Grenzschicht von außen hineingeführt. Da aber diese Erscheinung dort auftritt, wo die äußeren Tollmien - Schlichtingartigen Querwirbel in der Außenzone der Grenzschicht schon (vgl. Abschnitt 2.3) zu zerfallen beginnen, ist ihr Einfluß auf das Verhalten der wandnahen Grenzschichtzone mit den inneren Tollmien - Schlichtingartigen Querwirbeln nicht sehr groß. Nachträglich wurde ein Oberteil auf den Wassertank aufgeschraubt und die Platte an zwei dünnen Rohren aufgehängt (vgl. Abb. 1). Die Rückströmung blieb weiterhin bestehen. Die Störungen, die durch die aufströmende und an die Wasseroberfläche anprallende Grenzschicht verursacht wurden, blieben aber diesmal im Oberteil des nun doppelt so hohen Wassertanks lokalisiert und als grobe Turbulenz

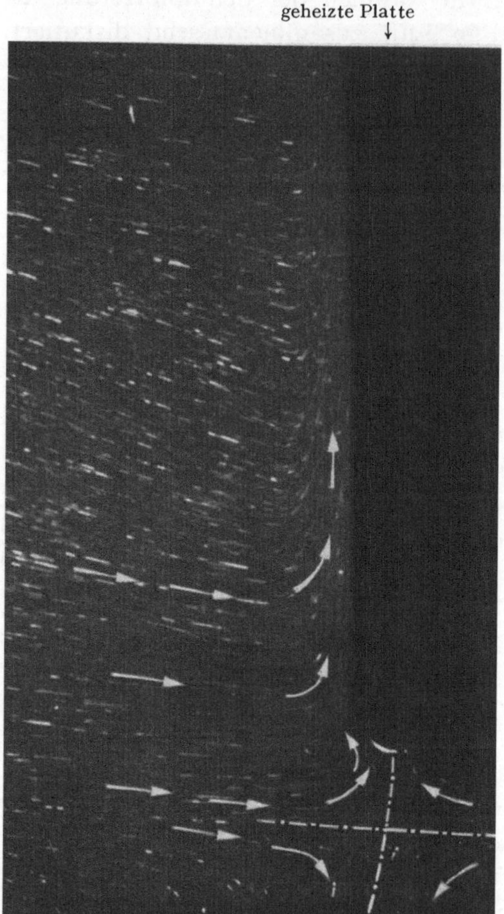

Abb. 13. Freier Staupunkt mit Staulinienkreuz bei der Plattenvorderkante, durch langzeitige vertikale Spaltbeleuchtung sichtbar gemacht. Beleuchtung zur Richtungserkennung absichtlich unsymmetrisch unterbrochen (– —)

ballen sichtbar. Bei frontaler Ansicht waren im unteren Teil des Wassertanks schwache horizontale Streifenbildungen zu beobachten. Die Beleuchtung war diesmal eine diffuse seitliche Beleuchtung der ganzen Flüssigkeitsmasse. Diese Streifenbildung deutet auf das Auftreten horizontaler Konvektionszel len[2], aber auch gleichzeitig auf äußerst ruhige Anströmungsverhältnisse. Es ist daher die Vermutung auszusprechen, daß die Rückströmung in der Außenzone der Grenzschicht durch einen Effekt der veränderlichen Stoffwerte verursacht wird. Bei Wasser sinkt die Zähigkeit mit der Temperatur, so daß die Anströmung leichter von den wärmeren und weniger viskosen Flüssigkeitszonen her erfolgt. Im Laufe des Versuches bildet sich im Wassertank auch eine leichte Wärmeschichtung.

Zur Bildung des freien Staupunktes mit Staulinienkreuz bei der stationären Plattenströmung (Abb. 13) ist zu bemerken, daß er auch unsymmetrische Lagen einnimmt. Dies wurde auch bei der Platte in Luft beobachtet: die vom Rauchkamm oder aus den Öffnungen der hohlen Plattenvorderkante emittierten Rauchfäden wurden zeitweise über die Vorderkante nach hinten hinaufgezogen.

Auf Grund der bis jetzt durchgeführten Untersuchungen liegt der Schluß nahe, daß die langperiodigen Geschwindigkeitsschwankungen, die sich bei der Auswertung der Hitzdrahtmessungen als äußerst störend auswirken, auf Staupunktwanderungen zurückzuführen sind sowie auf das seitliche Schwanken der Längswirbelstraßen in Spannweitenrichtung (vgl. S. 32).

2.2. Laminare Grenzschichtströmung

Die laminare Grenzschichtströmung bei freier Konvektion längs einer vertikalen Platte wurde schon theoretisch und experimentell ausführlich behandelt. Die experimentellen und theoretischen Geschwindigkeitsprofile stimmen gut überein ([39], [41] und [65]).

Abb. 14 stellt einen vertikalen Schnitt durch die laminare Grenzschicht dar. Die relativ kurze Belichtungszeit ($^1/_5$ sec) ermöglicht die Bestimmung des stationären Geschwindigkeitsprofils, allerdings mit einer nicht zu hohen Genauigkeit, da die Verteilung der Aluminiumlamellen eine zufällige ist und optische Verzerrungen durch die erwärmte Grenzschicht auftreten. Auf keinen Fall sind aber zusätzliche kleine Störungsgeschwindigkeiten in der Größenordnung von Teilen eines Prozents erfaßbar, wie es bei Hitzdrahtmessungen in Luft möglich ist. Bei photogrammetrischen Aus-

---

[2] GERSHUNI [64] hatte bei theoretischen Stabilitätsuntersuchungen der freien Konvektionsströmung zwischen zwei unendlichen parallelen Wänden verschiedener Temperatur stationäre und wandernde Störungen erhalten. Die geheizte Platte und die kühleren Glaswände stellen einen ähnlichen, wenngleich nicht ebenen Fall dar.

wertungen frontaler Stereoaufnahmen (Abb. 24—27/2) ist man gleichfalls mit einem noch vertretbaren instrumentellen Aufwand nicht in der Lage, kleine Schwankungsgeschwindigkeiten und Störungsgeschwindigkeiten-Profile zu messen. Ähnlich steht es auch mit den von Eichhorn ([29], [30], [41]) benutzten Methoden.

2.3. Tollmien-Schlichting-artige Störungswellen

Das Auftreten, die Anfachung und der Zerfall von Tollmien-Schlichting-artigen Störungswellen bei freier Konvektion längs einer vertikalen geheizten Platte in Wasser sind schon von Szewczyk [6] mit Hilfe von gefärbten Flüssigkeitsfäden visuell untersucht worden. Szewczyk bestätigte die von Fujii [8] zuerst experimentell gemachte Beobachtung über das Auftreten von doppelreihigen Querwirbelstraßen[1].

Bei den hier durchgeführten Versuchen interessieren besonders das Auftreten und die weitere Entwicklung von Längswirbeln sowie ihre Lage im Verhältnis zu den Tälern und Bergen der Tollmien - Schlichting-artigen Wellen. Hierzu ist die Kenntnis der

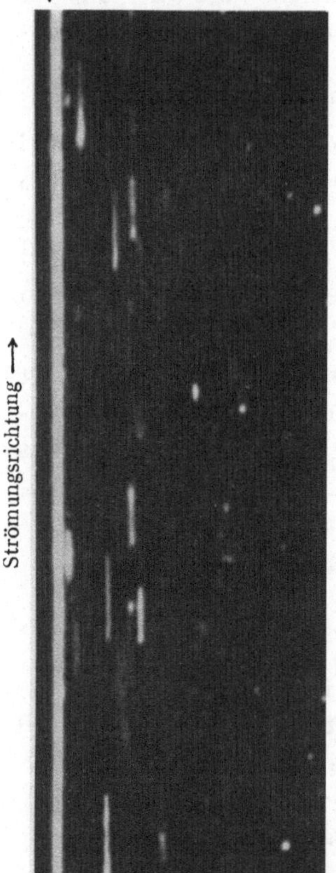

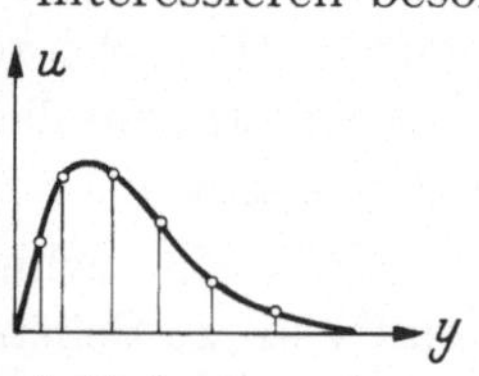

Abb. 14. Vertikaler Schnitt durch die laminare Grenzschicht, kurzzeitig exponiert ($^1/_5''$). Rechts das aus den Leuchtspurlängen gezeichnete Geschwindigkeitsprofil

Tollmien-Schlichting-artigen Störungswellen notwendig. Die Bezeichnung „Berge" und „Täler" ist natürlich eine relative, in Abhängigkeit vom Bezugssystem. Für einen in bezug auf die Platte ruhenden Beobachter ergibt sich ein ganz anderes Stromlinienbild als für einen sich mit Wellenfortpflanzungsgeschwindigkeit mit-

---

[1] Die Untersuchungen von Fujii [8] behandeln den Umschlag bei freier Konvektion längs eines vertikalen Zylinders in Wasser oder Äthylen-Glykol. Die Beobachtungen waren mit Hilfe von Schattenbildern und Aluminiumlamellen gemacht worden.

bewegenden. Man vergleiche hierzu das Stromlinienbild auf Abb. 54 für den ruhenden Beobachter und auf Abb. 55 das „Katzenaugen"-Stromlinienbild für den mit Wellenfortpflanzungsgeschwindigkeit

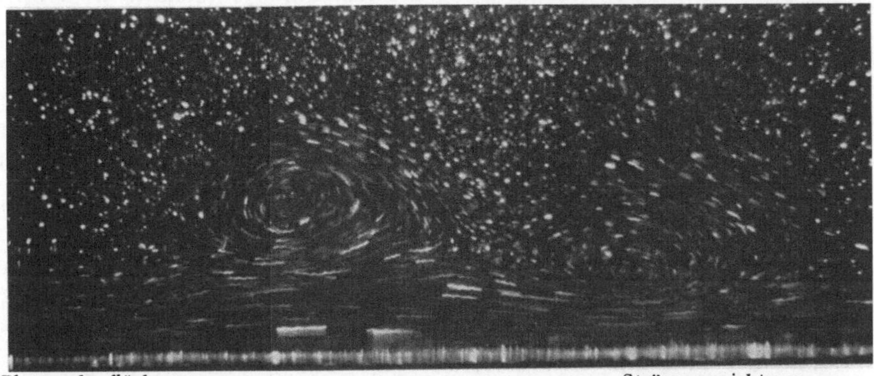

Abb. 15. Stromlinienbild von Tollmien-Schlichting-artigen Wirbeln in vertikaler Querschnittebene für ein mit der Platte ruhendes Bezugssystem. Objektivachse etwas über Plattenoberfläche, daher Projektion des Lichtspaltes als heller Streifen sichtbar. Änderungen des Brechungsindexes in der Temperaturgrenzschicht bewirken die Unschärfe der Stromlinien in Plattennähe. Durch das ruhende Bezugssystem bedingt, sind die inneren Querwirbel in Plattennähe nicht erkennbar (vgl. Abb. 54 und 55)

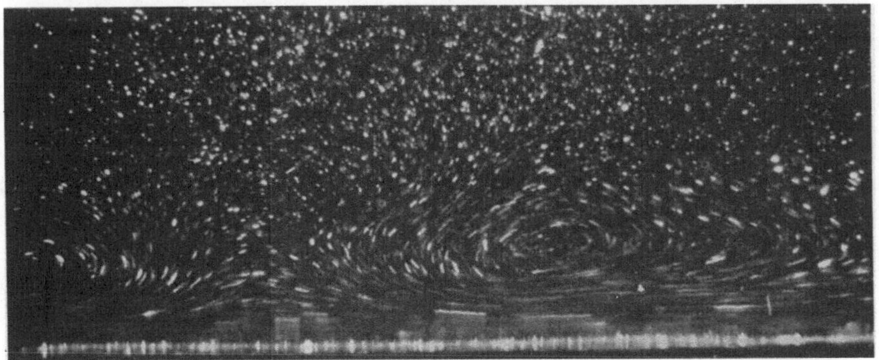

Abb. 16. Das gleiche Bild, nur für eine etwas höhere Grashofsche Zahl. Ausbildung eines schwächeren Wirbels zwischen stärkeren Wirbelkernen. Die inneren Wirbel sind auch hier nicht erkennbar. Diese Frequenzverdoppelung tritt auch bei Rauchfäden-Visualisierungen (Abb. 35) und Temperaturmessungen in Luft auf (Abb. 45/2—4)

mitwandernden Beobachter[2]. Dies ist bei der Interpretation der folgenden, mit Aluminiumlamellen und mit ruhender Kamera gemachten Stromlinienbilder (Abb. 15 und 16) zu beachten. In diesem

---

[2] Diese Stromlinienbilder sind auf Grund der von KURTZ und CRANDALL [12] vertafelten Eigenfunktionen für freie Konvektion in Luft gezeichnet, und zwar für $\alpha\delta = 2{,}28$ und $Re = 802$. Die Energie-Gleichung wurde vernachlässigt, daher sind die Resultate qualitativ auch für die freie Konvektion in Wasser zu gebrauchen, da die Geschwindigkeitsprofile einen ähnlichen Verlauf haben.

ruhenden Bezugssystem ist nur der äußere Tollmien-Schlichting-artige Querwirbel durch seine geschlossenen Stromlinien sichtbar, obwohl der innere wandnahe Querwirbel im Katzenaugen-Stromlinienbild besteht[3].

Der Stromlinienverlauf auf Abb. 15 deutet auf das Auftreten von nach außen drehenden Wirbeln[4] in der äußeren Grenzschichtzone außerhalb des Geschwindigkeitsmaximums und steht damit in Einklang mit [6] und [12]. Zu beachten ist, daß sich die Wirbel sehr weit außerhalb der Grenzschicht erstrecken. In den äußersten Partien ist die Störungsgeschwindigkeit zum Teil größer als die Geschwindigkeit der Grundströmung und von entgegengesetzter Richtung, so daß bei stationärer Kamera die Rückströmung und die Wirbelausdehnung auf dem Bild erkennbar sind. Auf Abb. 16 tritt bei größerer Grashofscher Zahl eine Frequenzverdoppelung mit halber ursprünglicher Wellenlänge auf.

Die Visualisation des inneren Wirbels dagegen konnte bei der Platte in Luft mit Hilfe von Rauchfäden durchgeführt werden (vgl. Abschnitt 3.1).

Der dynamische Verlauf der Bildung der Tollmien-Schlichting-artigen Wirbel ist in Abb. 23/1—6 wiedergegeben. Die Serienaufnahmen wurden mit einer Robot Kamera gemacht. Optische Verzerrungen treten bei diesen Aufnahmen in stärkerem Ausmaße als in den Abb. 15 und 16 auf, da die Aufnahmen in Plattenmitte gemacht wurden. In den äußeren Grenzschichtzonen sind die mit (A) bezeichneten Tollmien-Schlichting-artigen Wirbel zu erkennen. Zu beachten ist ihre sehr schnelle Anfachung, die nicht konstante Wellenlänge sowie wachsende Ausdehnung und Verschiebung in die äußere Grenzschicht. Die Leuchtspuren in den wandnahen Partien der Grenzschicht sind unterbelichtet und nicht erkennbar mit Ausnahme der Zonen, in denen eine bevorzugte Orientierung der Aluminiumlamellen in streifenartigen Strukturen auftritt (vgl. eingehendere Diskussion in Abschnitt 2.4.2).

2.4. Auftreten von Längswirbeln im Umschlaggebiet

Das Auftreten und die Entwicklung längswirbelartiger Störungen im Umschlaggebiet wurde durch die Orientierungstendenz der Aluminiumflitterchen sichtbar gemacht (vgl. Abschnitt 1.3). Es wurden Aufnahmen, die typische Stromlinienstrukturen enthalten,

---

[3] Vgl. Abschnitt 4.1.
[4] Der Drehsinn wurde aus visuellen Beobachtungen bestimmt.

ausgewählt und diskutiert. In den folgenden Abschnitten wurden Längswirbel mit Hilfe von Stromlinienbildern in horizontalen und vertikalen Grenzschicht-Querschnitten nachgewiesen. Am aufschlußreichsten aber erwiesen sich frontale Stereoaufnahmen mit Ausschnittvergrößerungen. Der dynamische Verlauf des Umschlagvorganges wurde in Serienaufnahmen sichtbar gemacht.

2.4.1. Stromlinienbilder der Längswirbel in horizontalen Querschnittebenen. Es war naheliegend, sich zuerst mit Hilfe von Stromlinienbildern in horizontalen Querschnitten durch die Grenzschicht eine Bestätigung für das Auftreten von Längswirbeln im Umschlaggebiet zu verschaffen. Es wurde über einen kleinen Spiegel von oben her ohne den Oberteil des Wassertanks photographiert (vgl. Abb. 1, *E*). Da der optische Weg bis zur Kamera diesmal notgedrungen eine längere Strecke durch Grenzschichtzonen mit turbulentem Temperaturfeld durchlief, sind Verzerrungen und Verschwommenheiten infolge des temperaturabhängigen Brechungsindexes stärker ausgeprägt, so daß nur die Wirbelbildung in den äußeren Grenzschichtpartien klar erkennbar ist. Zu beachten ist wieder die sehr weite Ausdehnung der Wirbel (Abb. 17—20). Für die wandnahe Grenzschichtzone kann nichts ausgesagt werden; hier ist man auf frontale Stereoaufnahmen und Aufnahmen in vertikalen Querschnitten angewiesen.

In Abb. 17 ist ein mit kurzer Belichtungszeit ($^1/_5$ sec) gewonnenes Stromlinienbild wiedergegeben. Mit weißen Pfeilen sind die Stellen der Wirbelbildung angedeutet. Die kurzen Leuchtspuren deuten auf kleine Wirbelintensitäten im Anfang des Umschlaggebietes hin, es tritt dabei teilweise eine Überlagerung mit der Tollmien-Schlichting-artigen Wellenbewegung auf.

Die folgenden Abb. 18—20 stellen Ausschnittvergrößerungen dar, die etwas weiter im Umschlaggebiet gemacht wurden. Die vergrößerte Wirbelintensität und die Wirbelkerne sind klar erkennbar. Das letzte Bild wurde mit einer Beleuchtungsdauer in der Größenordnung der Periode der Tollmien-Schlichting-artigen Wellen gemacht (2 sec). Es kann daher nicht mehr als reines Stromlinienbild gewertet werden.

2.4.2. Stromlinienbilder der Längswirbel in vertikalen Querschnittebenen. Stromlinien-Visualisierungen in vertikalen Querschnittebenen wurden im Vergleich zu Abb. 15 und 16 mit etwas breiterem Lichtspalt durchgeführt, um die Längswirbel voll aus-

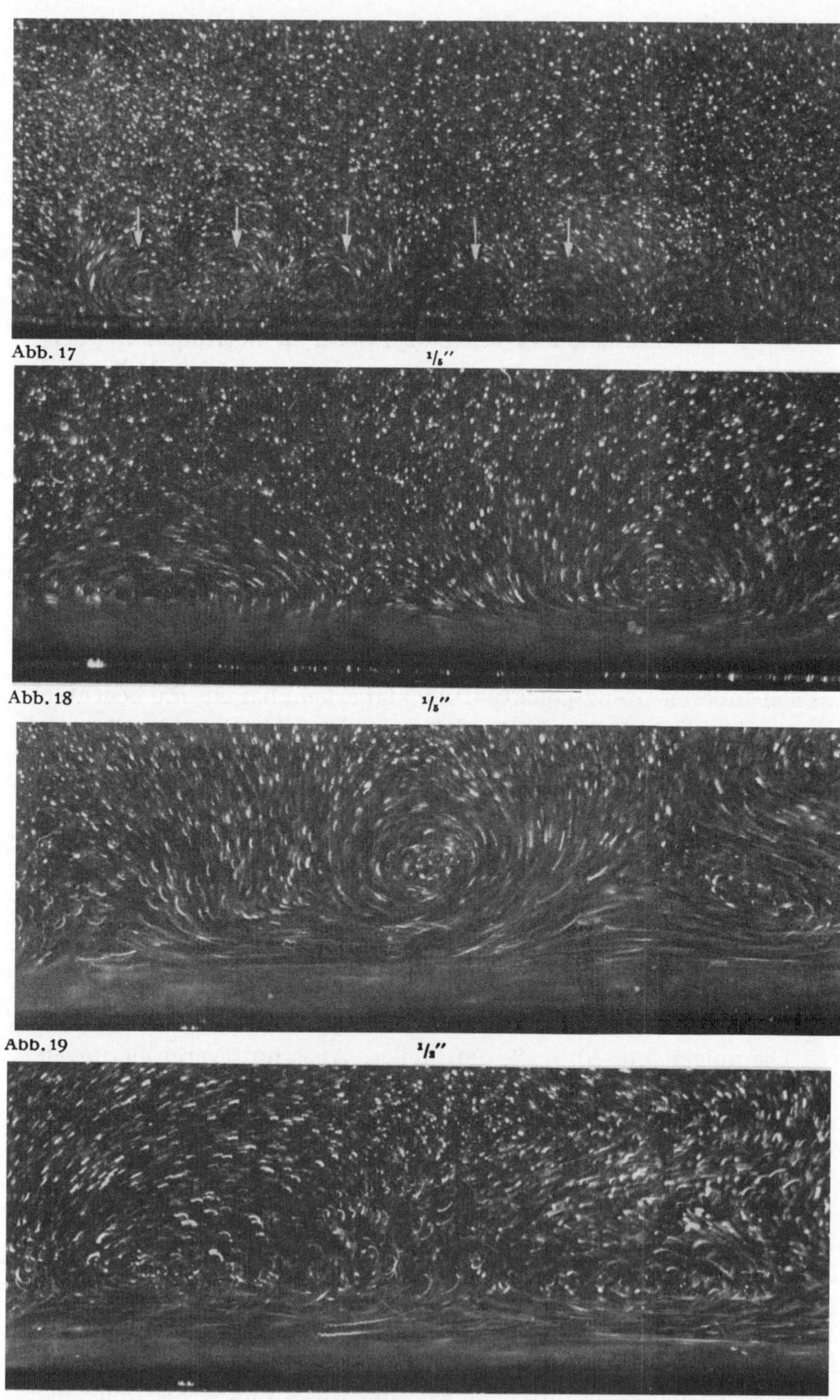

Abb. 17—20. Stromlinienbilder von Längswirbeln im Umschlaggebiet in horizontalen Querschnittebenen

leuchten zu können. Es traten auch hier Verzerrungen infolge der Temperaturgrenzschicht auf. Von einer Anzahl von Aufnahmen mußten diejenigen ausgewählt werden, bei denen die straßenförmige Längswirbelbildung mit dem Lichtspalt mehr oder weniger

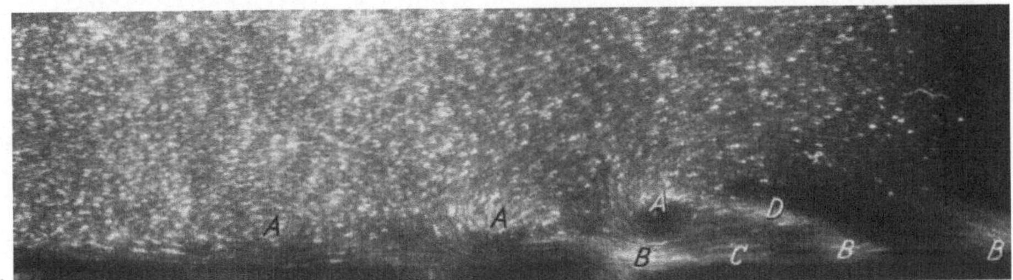

— Plattenoberfläche　　　　　　　　　　　　　　　　　　　Strömungsrichtung ⟶

Abb. 21. Stromlinienbild der Tollmien-Schlichting-artigen Wirbel mit sekundärer Längswirbelbildung. *A* Tollmien-Schlichting-artige Wirbel (vgl. Abb. 23/1—6); *B* unter dem Tollmien-Schlichting-artigen Wirbelkern Lichtreflexionen-Anhäufung, die auf Aluminiumlamellen-Orientierungen in längswirbelartigen Strukturen deutet (s. auch Abb. 22, 23/1—6 sowie Stereo-Abb. 25/2); *C* sehr schwach ausgeprägte Längswirbelstruktur in Wandnähe mit relativ zur Wand konkaver Stromlinienkrümmung (vgl. Stereo-Abb. 24/1); *D* Längswirbel in äußerer Grenzschichtzone (vgl. auch Abb. 23/2—6 und Stereo-Abb. 24/5, 25/3, 25/4, 26/3, 26/4, 27/5 sowie Serienaufnahmen 29/1—9)

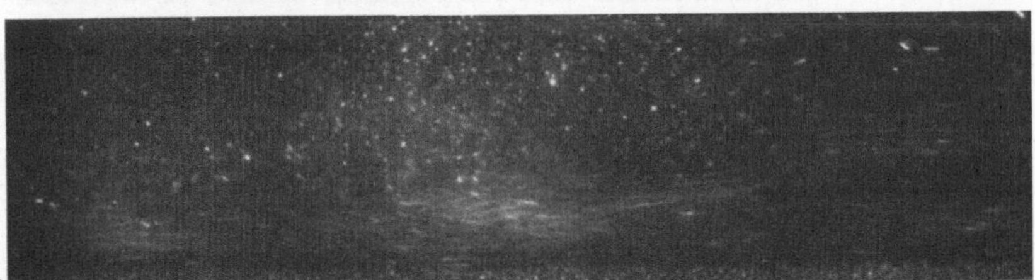

— Plattenoberfläche　　　　　　　　　　↑ *B*　　　　　　　　Strömungsrichtung ⟶

Abb. 22. Ausschnittvergrößerung des Längswirbelauftretens unterhalb des Tollmien-Schlichting-artigen Wirbelkerns mit charakteristischer Kreuzung der Stromlinien (*B*). Ganz links im Bild Längswirbelstruktur im Anfangsstadium. Objektivachse etwas über Plattenoberfläche, daher Projektion des relativ breiten Spaltes als heller Streifen sichtbar

übereinstimmte. Die Negative wurden absichtlich etwas unterbelichtet. Dadurch wurden die Leuchtspuren in den schnellen wandnahen Grenzschichtzonen schwach oder gar nicht abgebildet. Dagegen traten Stellen mit starken Leuchtspurenkonzentrationen, die durch die Orientierung der Aluminiumlamellen in den längswirbelartigen Strukturen hervorgerufen wurden, markanter hervor.

Abb. 21 zeigt eine typische Aufnahme. Die mit (*A*) bezeichneten Tollmien-Schlichting-artigen Wirbel werden rasch angefacht und dehnen sich immer weiter in die Außenzone der Grenzschicht aus. Ganz rechts im Bild sind sie schon teilweise im Zerfallstadium. Unter den Wirbelkernen (*A*) bilden sich Lichtreflexanhäufungen (*B*).

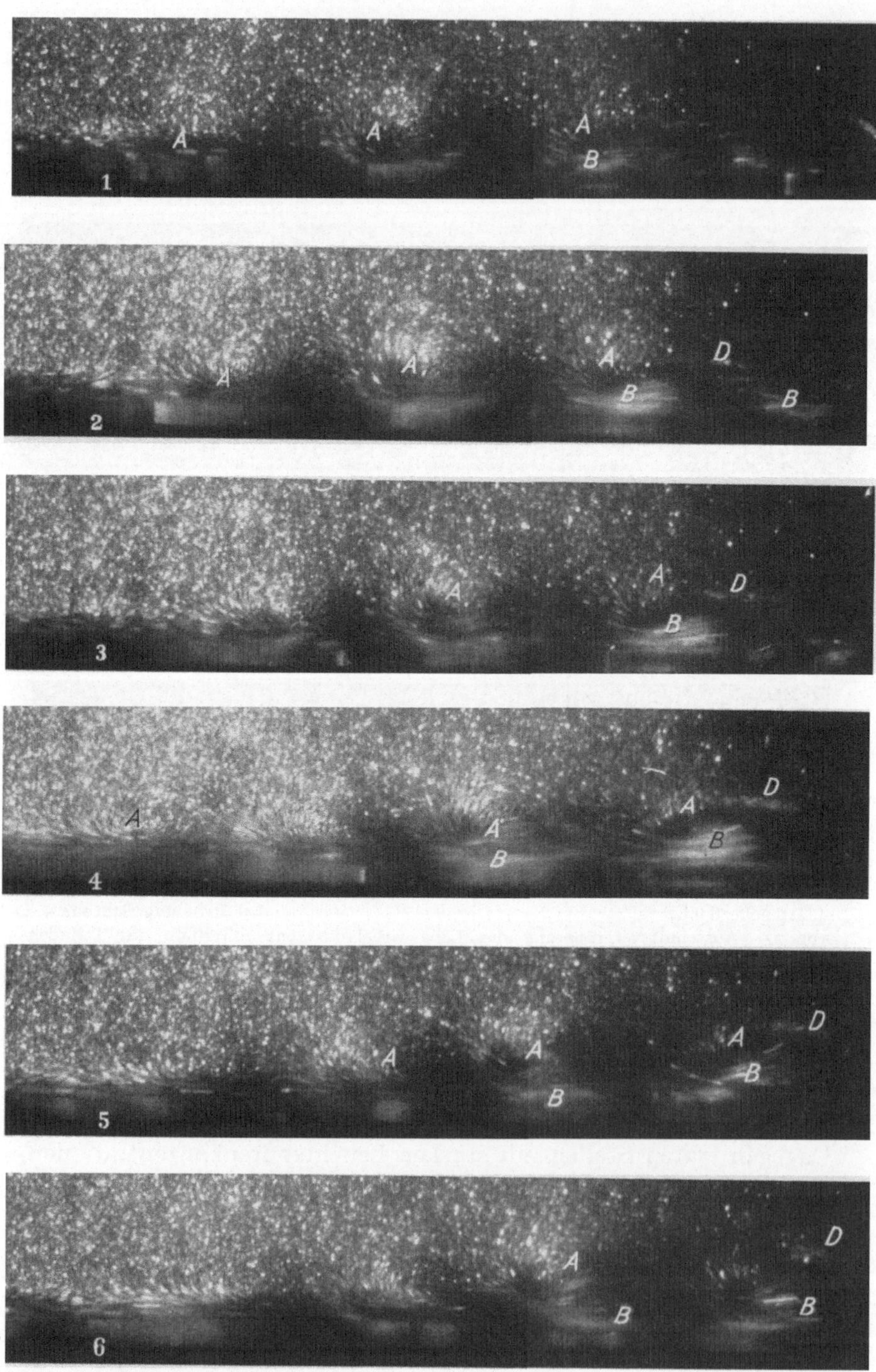

— Plattenoberfläche Strömungsrichtung —→

Abb. 23/1—6. Serienaufnahmen von Stromlinienbildern Tollmien-Schlichting-artiger Wirbel (A) mit sekundärer Längswirbelbildung in Plattennähe (B) und in der äußeren Grenzschichtzone (D) für ein mit der Platte ruhendes Bezugssystem. Bildfolge ≈ 3 Bilder/sec, Exponierung $\approx 1/5$ sec

Eine zu einem anderen Zeitpunkt aufgenommene Ausschnittvergrößerung zeigt deutlicher das hierbei auftretende charakteristische Kreuzen der Stromlinien (Abb. 22, *B*). Die ährenförmige Struktur ist nicht so rein und stark ausgeprägt wie bei den Visualisationsbildern eines Tragflügelrandwirbels in Wasser (Abb. 8). Bei den sehr kleinen Geschwindigkeiten treten im Wasser unter Umständen doch noch kleine Phasenverschiebungen bei der Orientierung der Aluminiumlamellen im Wirbelgebiet auf (vgl. Abb. 7 und S. 15), und zwar nicht so groß wie bei den Untersuchungen in Luft von BOUROT [31], trotzdem aber hinreichend, um die bei den Untersuchungen von CHARTIER [33] beobachtete ährenförmige Struktur mit dunkler Mittellinie eines Tragflügelrandwirbels in Wasser (die in Abb. 8 reproduziert wurde) etwas zu verändern: es tritt öfters ein Kreuzen der Stromlinien ohne ausgesprochene schwarze Mittellinie in Erscheinung (vgl. auch Abb. 25/4, 26/4 und 27/5). Außer diesen unterhalb der Tollmien-Schlichting-artigen Wirbelkerne vorkommenden längswirbelartigen Strukturen (*B*), die leicht konvex relativ zur Wand sind, treten seltener und schwächer Strukturen auf, die parallel zur Wand oder sehr leicht konkav zur Wand gekrümmt sind und zwischen den Wirbelkernen der Tollmien-Schlichting-artigen Störungen liegen (Abb. 21, *C*). In der Außenzone der Grenzschicht sind auch Lichtreflex-Ansammlungen bemerkbar (Abb. 21, *D*; Abb. 23/1—6, *D*), die auf längswirbelartige Strukturen deuten. Als ein direkter Beweis für das Auftreten der längswirbelartigen Strukturen können die oben genannten Aufnahmen allein noch nicht genügen, da die Aufnahmebedingungen ungünstig und die Leuchtspuren verschwommen sind. Sie können aber als eine Indikation ausgewertet werden, wo in der Grenzschicht Störungen auftreten, die eine längswirbelhafte Struktur haben könnten. Die im weiteren Text reproduzierten Stereo- und Serienaufnahmen bestätigen das tatsächliche Auftreten längswirbelartiger Störungen bei den obengenannten Leuchtspurenansammlungen (*B*) und (*D*).

Bei den Serienaufnahmen Abb. 23/1—6 ist das Mitwandern der Stellen mit erhöhten Lichtreflexen unter den Kernen der Tollmien-Schlichting-artigen Wirbelzentren gut zu verfolgen.

2.5. Frontale Stereoaufnahmen des Umschlaggebietes

Frontale Aufnahmen erwiesen sich am geeignetsten, um die Umschlagbildung in ihrer vollen Breite und Ausdehnung zu verfolgen. Störende optische Verzerrungen treten dabei nicht auf. Um die Tiefenausdehnung der Störungen aber gleichzeitig erfassen zu können, wurden die Aufnahmen mit der auf S. 19 beschriebenen Stereokamera gemacht.

Im folgenden werden vier Stereobilder mit Vergrößerungen und Ausschnittvergrößerungen in Tafelform mit kurzer Beschreibung der auftretenden markanten Visualisationsformen wiedergegeben. Die Aufnahmen sind in gleicher Plattenhöhe und bei annähernd gleichen Bedingungen aufgenommen und zeigen die Veränderlichkeit der natürlichen Umschlagbildung (vgl. auch den natürlichen Umschlagverlauf bei Rauchfäden-Visualisation, Abb. 44/1—9).

Zur Erleichterung der Deutung der Abbildungen wurden Buchstaben zur Bezeichnung der typischen längswirbelartigen Strukturen benutzt, die in einem den Tafeln vorangehenden Blatt „Bemerkungen und Abkürzungen" zusammengefaßt worden sind.

Die Kompliziertheit der zu beobachtenden Erscheinungen, ihr instationärer Charakter und die Zufälligkeit der Störungsbildung lassen noch viele Fragen offen, denn wie jede Methode, so hat auch die der Visualisierung mit Aluminiumlamellen ihre Vor- und Nachteile, sowie ihre Begrenzungen. Darüber wurde schon ausführlicher im Abschnitt 1.3 berichtet. Es verbleiben infolgedessen Unklarheiten bei der Deutung des Visualisationsbildes; sie entstehen u. a. durch die Rotationen der Aluminiumlamellen, das Herauswirbeln, das statistische Verhalten einer Suspension von Aluminiumlamellen in Scherströmung und Wandnähe und die bei kurzzeitigen instationären Vorgängen trotz der kleinen Dimensionen der Lamellen endliche Zeit für die Orientierung der Aluminiumlamellen, was bei den kleinen Geschwindigkeiten in den Außenzonen des Wirbels doch unter Umständen einen kleinen Phasenverschub[1] mit sich bringt. Diese Fragen bedürfen noch eingehender theoretischer Untersuchungen.

Bei der Auswertung des Visualisationsbildes ist außerdem das Verhalten der Negativemulsion und ihre begrenzte Fähigkeit, große Beleuchtungskontraste wiederzugeben, zu berücksichtigen. Es war daher bei manchen Bildern nicht möglich, die sich schneller bewegenden Leuchtspuren von Aluminiumlamellen in der Zone maximaler Geschwindigkeit wiederzugeben, ohne gleichzeitige Über-

---

[1] Vgl. Abb. 29/1—9, wo sich die für die Visualisation im Wasser charakteristische Ährenform mit dunkler Mittellinie (Abb. 8) erst nach einiger Zeit einstellt, Abb. 22 und S. 43.

strahlung der Leuchtspuren von langsamer strömenden Teilchen; umgekehrt wurden die Leuchtbahnen in den schnellen Grenzschichtzonen sehr schwach oder überhaupt nicht abgebildet, wenn es wichtig war, langsamere Strömungsformen in der Außenzone der Grenzschicht zu photographieren. Es erwies sich dagegen manchmal als zweckmäßig, bei der Wiedergabe mit harter Gradation nur die intensivsten Störungsstrukturen hervorzubringen, wodurch der oft störende Hintergrund unterdrückt wurde.

Auch die Richtung und Breite der Spaltbeleuchtung, Belichtungsdauer sowie die aus dem ruhenden Kamerasystem sich ergebenden besonderen Aspekte[2] wirken sich auf die Visualisationsstrukturen aus.

Bei der Deutung der Strömungsbilder sind alle diese Einflüsse zu berücksichtigen[3].

Im folgenden soll nun an Hand der vorliegenden Aufnahmen der Umschlagverlauf beschrieben werden:

Das regelmäßige Bild der Leuchtspuren im noch laminaren Teil der Grenzschichtströmung ändert sich schlagartig im Umschlaggebiet (Abb. 24/1—2). Seitliche, leicht geschlängelte Bewegungen der Stromlinien sowie Störungsstellen erhöhter Leuchtspurendichte und -intensität als in den benachbarten Grenzschichtpartien[4] kündigen den Anfang der dreidimensionalen Erscheinungen an. In diesen „Zonen mit erhöhter Leuchtspurendichte" (H), die in Wandnähe und in den äußeren Partien der Grenzschicht stellenweise auftreten, sind später weitere längliche intensive Leuchtspuren-Konzentrationen bemerkbar. Sie weisen auf „längswirbelartige Störungen im Anfangsstadium" (G) hin. Im folgenden Verlauf treten weitere längswirbelartige Störungen mit verschiedenartigen Visualisationsstrukturen in den Außenzonen und in den wandnahen Zonen der Grenzschicht auf.

---

[2] Vgl. Abb. 54 und 55. Das mitwandernde „Katzenaugen"-System würde bei manchen Detailuntersuchungen der Wirbelbildung vorteilhaft sein.

[3] Die bei der Beschreibung der eingeführten Buchstabenabkürzungen benutzten Bezeichnungen sind oft ein wenig bildlich („doppelzüngige Wirbelspitzen", „stachelförmige Störungsspitze" u.a.). Bei den Beschreibungen von Hitzdraht-Umschlagmessungen wurden ([13], [17]) ähnlicherweise bildliche Ausdrücke eingeführt ("spikes", "hairpin vortex", "peaks", "valleys", "vortex streets").

[4] Vgl. auch [19] und [24] über die Bildung und Rolle von Schichten erhöhter Scherung bei den Grenzschichtprofilen im Umschlaggebiet.

Die „längswirbelartigen Störungen in der äußeren Grenzschicht-zone" (*D*) haben das charakteristische ährenförmige Visualisations-bild. Sie sind relativ zur Wand konkav gekrümmt, treten scharf umgrenzt und spontan auf (vgl. Bildserie 29/1—9) und stellen keine Verzerrungen oder Schleifen der Tollmien-Schlichting-artigen äuße-ren Querwirbel dar.

Die näher zur Wand auftretenden längswirbelartigen Strukturen haben im Anfangsstadium eine Visualisationsform, die wegen des doppelten Auftretens von vorausschnellenden, stachelförmigen Störungsspitzen als „doppelzüngige Wirbelspitze" (*E*) bezeichnet wurde (s. Serienaufnahmen Abb. 28/1—4). Auf den Bildern sind sie in verschiedenen Entwicklungsstadien zu beobachten. Im An-fangsstadium sind sie außerordentlich intensiv und stachelförmig (Abb. 27/3). Im weiteren Stadium verbreitern sie sich (Abb. 24/3). Unter Umständen ist dann auch ein stärker ausgebildeter Wirbel-kern erkennbar. Sie besitzen eine leicht zur Wand konvexe Krüm-mung und verursachen die Lichtreflexion-Anhäufungen unter dem Tollmien-Schlichting-artigen Wirbelkern, die mit (*B*) in Abb. 21 bezeichnet wurden.

Diese Längswirbelstrukturen (*D*) und (*E*) treten mitunter regel-mäßig, periodisch in Strömungs- und Spannweitenrichtung auf (vgl. Abb. 24/1); es sind dabei die unregelmäßigen, oft schrägen Wellenfronten der Tollmien-Schlichting-artigen, primären Störun-gen zu berücksichtigen. Der Zerfall erfolgt zuerst in den Außen-zonen der Grenzschicht, während die Strömung in den inneren noch weiter regelmäßig verläuft. Bei höheren Grashofschen Zahlen geben die längswirbelartigen Strukturen dem Strömungsbild ein immer ausgeprägteres streifenförmiges Aussehen (Abb. 31/1—8).

Bemerkungen und Abkürzungen zu den folgenden Bildtafeln mit frontalen Stereoaufnahmen (Abb. 24—27)

Jede Tafel enthält — zusammen mit der zugehörigen Stereoaufnahme — je ein Übersichtsbild im Maßstab 1:1,1 und markante Ausschnittvergröße-rungen im Maßstab 2,4:1 oder 3,3:1. In der Übersichtsaufnahme sind — zur leichteren Orientierung — die Bildumrandungen der Ausschnittvergröße-rungen eingezeichnet und numeriert. Für öfters vorkommende und typische Strömungsformen und -strukturen werden die folgenden, in der Übersichts-aufnahme eingezeichneten Buchstaben-Abkürzungen benutzt (vgl. auch Abb. 21—23 und 28).

Es mag nur kurz hervorgehoben werden, daß die richtige Interpretation der Ausschnittvergrößerungen erst in Kombination mit den Stereo-Abbildungen möglich ist, da Wirbelstrukturen und Leuchtspuren in verschiedenen Grenzschichtlagen auftreten, manchmal ganz nebeneinander oder übereinander. Die relativen Tiefenverhältnisse sind beim Betrachten mit dem Zeiss Aerotopo Taschenstereoskop (mit ≈ 90 mm Brennweite) leicht potenziert, was sich aber nicht als störend auswirkt.

Trotz sorgfältiger Vergrößerungstechnik konnte der breitere Kontrastumfang der Original-Negative und -Dias nicht ganz wiedergegeben werden, insbesondere besitzen die Stereo-Papierbilder ein geringeres Auflösevermögen und eine kleinere plastische Wirkung. Die Gradation und der Kontrast wurden den jeweils bildwichtigen Partien angepaßt. Es sind daher bei den gleichen Bildpartien in der Übersichts-, Stereo- und Ausschnittaufnahme oft Unterschiede in der Wiedergabe von Strömungsdetails erkennbar.

Durch Lamellen-Rotationen bedingt, sind die Leuchtspuren einzelner Aluminium-Lamellen manchmal nicht gleich lange im linken und rechten Stereo-Halbbild sichtbar. Dadurch treten stellenweise Verschmelzungs- und Tiefenabschätzungs-Schwierigkeiten auf.

Bedeutung von Buchstabenabkürzungen, die auf den Abb. 21—28 eingezeichnet sind: *A* Tollmien-Schlichting-artiger Wirbel in äußerer Grenzschichtzone; *B* Lichtreflexion-Anhäufung, die auf Aluminium-Lamellen-Orientierungen in längswirbelartigen Strukturen, die sich unter dem Tollmien-Schlichting-artigen Wirbelkern befinden, deuten; *C* sehr schwach ausgeprägte Längswirbelstruktur in Wandnähe mit relativ zur Wand konkaver Stromlinienkrümmung (vgl. Abb. 21); *D* längswirbelartige Störung in der äußeren Grenzschichtzone (vgl. auch Abb. 23/2—6); *E* doppelzüngige Wirbelspitzen und stachelförmige Störungsspitzen; *F* schon ausgeprägter Längswirbelkern; *G* längswirbelartige Störung im Anfangsstadium; *H* Zone mit erhöhter Leuchtspurendichte.

Die Stereo-Bildpaare Abb. 24—27/2 sind gesondert auf Photobromdruck im normierten 60×130 mm-Format in einer Tasche am Schluß der Abhandlung (nach S. 104) beigelegt.

2.6. Kinematographische Stromlinien-Aufnahmen von Längswirbeln im Umschlaggebiet

Während die Stereoaufnahmen zur Klärung der Tiefenverhältnisse herangezogen wurden, kann der dynamische Verlauf der Umschlagausbildung durch kinematographische Serienaufnahmen verfolgt werden. Dabei konnten bei den erhaltenen Serienaufnahmen teilweise charakteristische Visualisationsstrukturen identifiziert werden, die auch bei den Stereoaufnahmen vorkamen. So konnten indirekt über die Höhenlage der Störungen Rückschlüsse gezogen werden.

Die Serienaufnahmen bestätigen auch, daß die Aluminiumlamellen für die Visualisation instationärer längswirbelartiger Strukturen sehr geeignet sind, da sich die verstärkten Lichtreflexionen und Visualisationsstrukturen der Störungen aus der ungestörten Strömung schlagartig ausbilden und wieder verschwinden (Abb. 29/1—9 und 30/1—9).

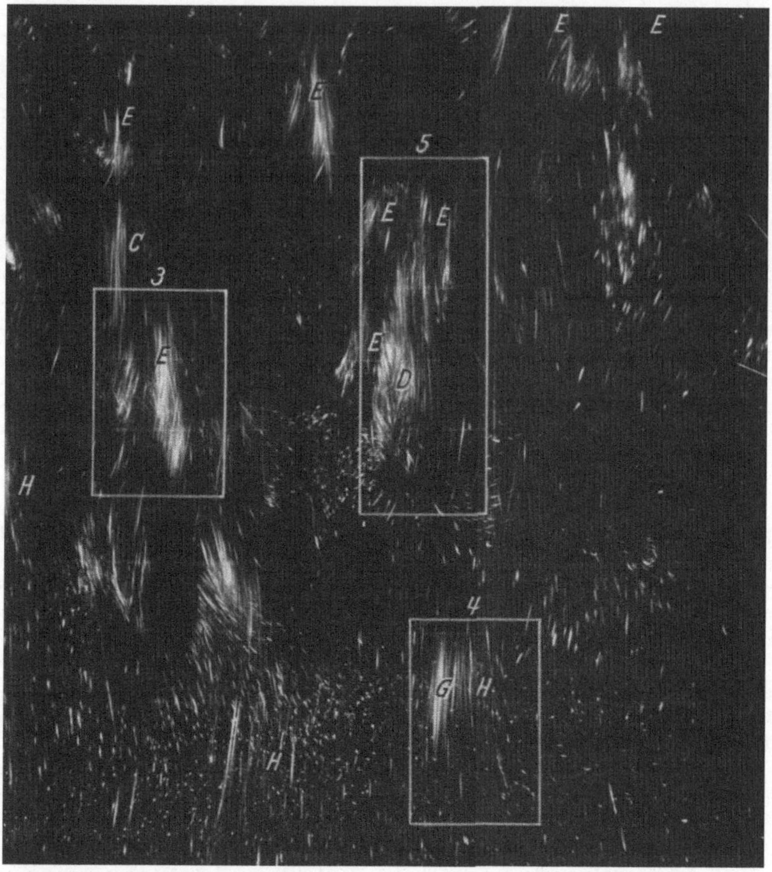

Abb. 24/1, Maßstab 1 : 1,1. Frontale Übersichtsaufnahme des Umschlaggebietes. Längswirbel-artige Störungen werden durch charakteristische Leuchtspuren-Anhäufungen und -Struk-turen sichtbar gemacht. Sie treten in mehr oder weniger regelmäßigen Kolonnen und Reihen auf — den primären Tollmien-Schlichting-artigen Wellen entsprechend

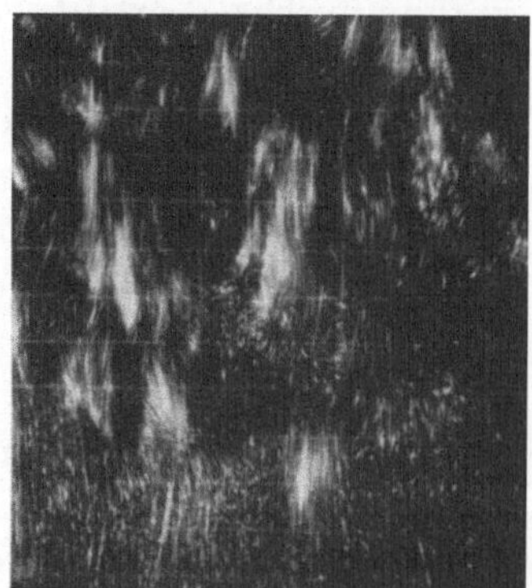
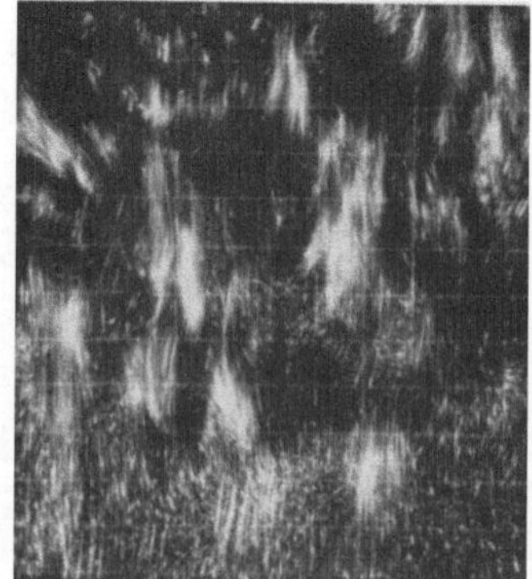

Abb. 24/2. Die im unteren Teil des Bildes noch vorwiegend laminare Strömung mit schon erkennbaren dreidimensionalen Störungen im Anfangszustand (Abb. 24/4) wird schlagartig dreidimensional. Es sind Längswirbelstrukturen vom Typ (C), (E), (D) und (G) erkennbar sowie Zonen mit erhöhter Leuchtspurendichte (H)

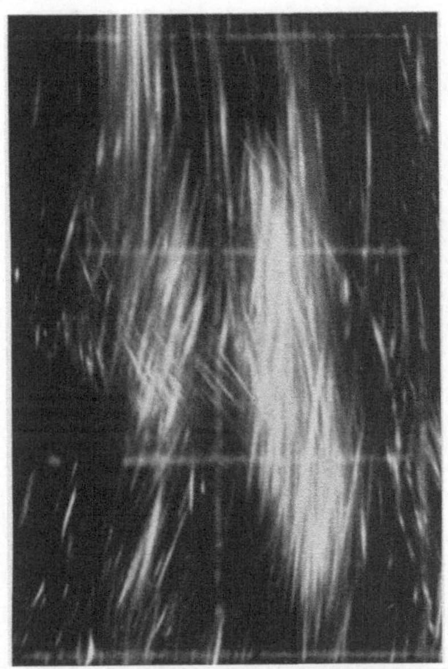

Abb. 24/3, Maßstab 2,4:1. Doppelzüngige Wirbelspitze (E) in späterem, angefachtem Stadium. Darüber Ausläufer einer vorhergehenden Störung gleicher Art

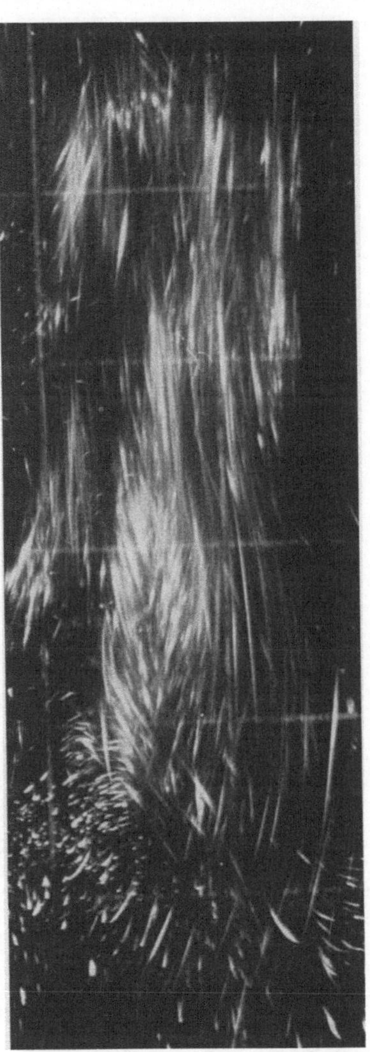

Abb. 24/5; Maßstab 2,4:1. In Bildmitte die ährenförmige Struktur eines Längswirbels in der Außenzone der Grenzschicht (D). Links daneben und oben treten in Wandnähe doppelzüngige Wirbelspitzen (E) auf. Der Längswirbel in der Außenzone (D) hat sich aus einer längswirbelartigen Störung — ähnlich wie die in Abb. 24/4 — entwickelt

Abb. 24/4. Maßstab 2,4:1. Längswirbelartige Störung im Anfangsstadium (G) inmitten einer Zone mit erhöhter Leuchtspurendichte (H)

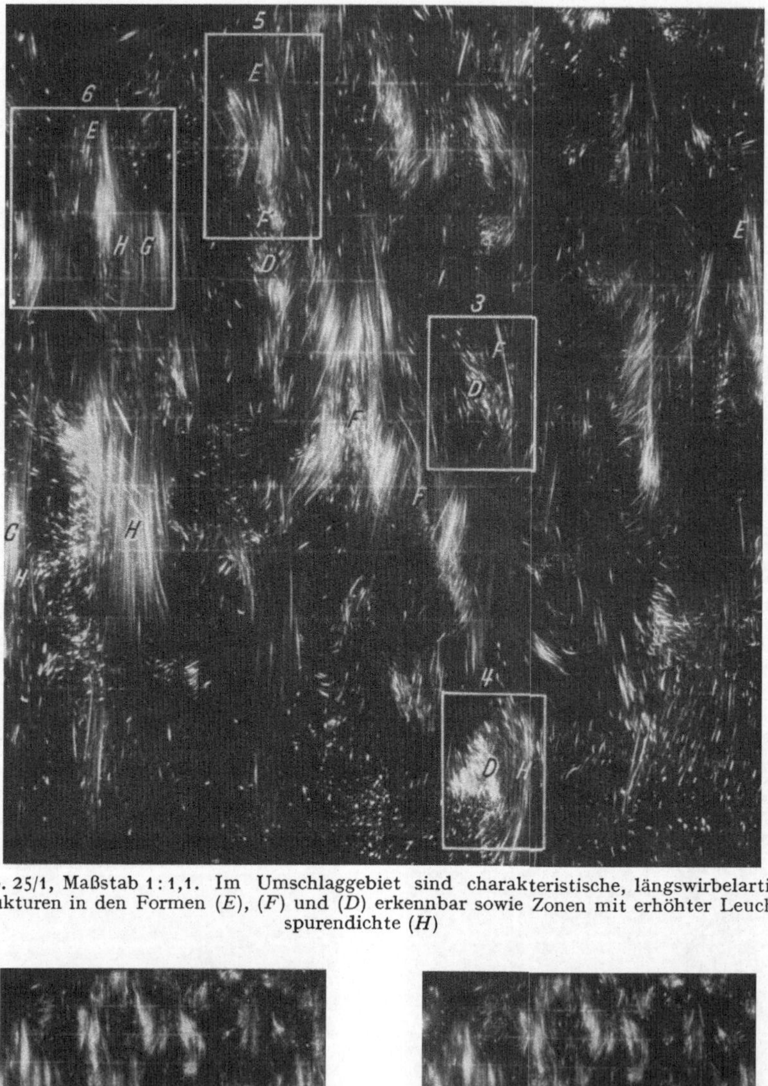

Abb. 25/1, Maßstab 1:1,1. Im Umschlaggebiet sind charakteristische, längswirbelartige Strukturen in den Formen (E), (F) und (D) erkennbar sowie Zonen mit erhöhter Leuchtspurendichte (H)

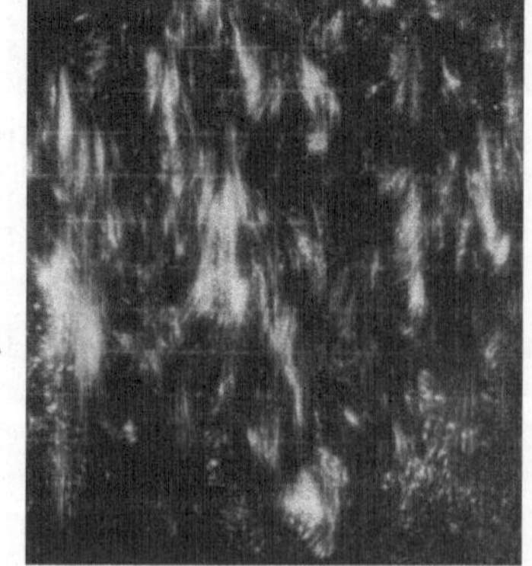
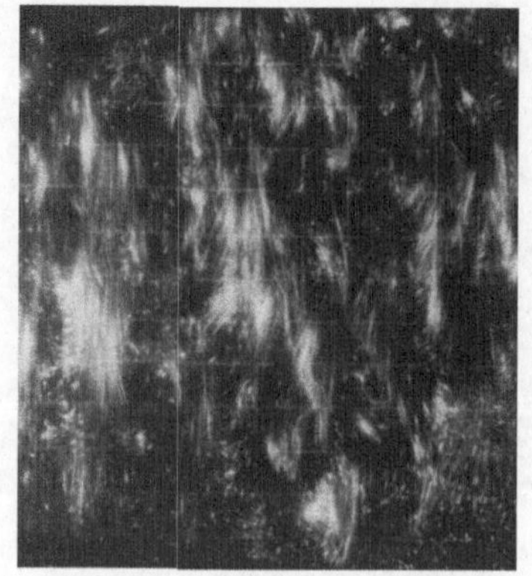

Abb. 25/2. In der mit A bezeichneten Plattenhöhe sind die teilweise sich im Zerfall befindlichen und zerhackten Stromlinien des äußeren Querwirbels erkennbar

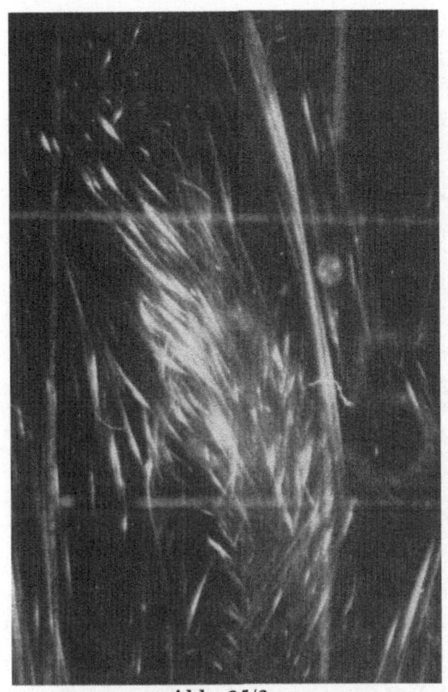
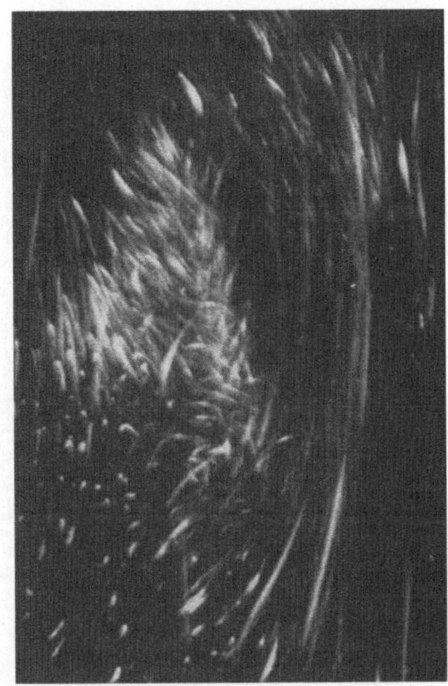

Abb. 25/3   Abb. 25/4

Abb. 25/3, Maßstab 3,3 : 1. Typische, ährenförmige Wirbelstruktur in äußerer Grenzschichtzone (*D*). Rechts daneben durchziehendes, spiralförmiges Leuchtspurenbündel eines Wirbelkerns in Wandnähe

Abb. 25/4, Maßstab 3,3 : 1. Ährenförmige Wirbelstruktur in äußerer Grenzschichtzone schon im Zerfallstadium

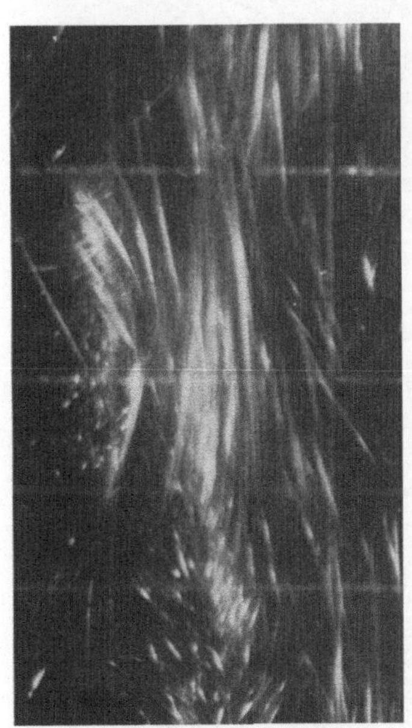
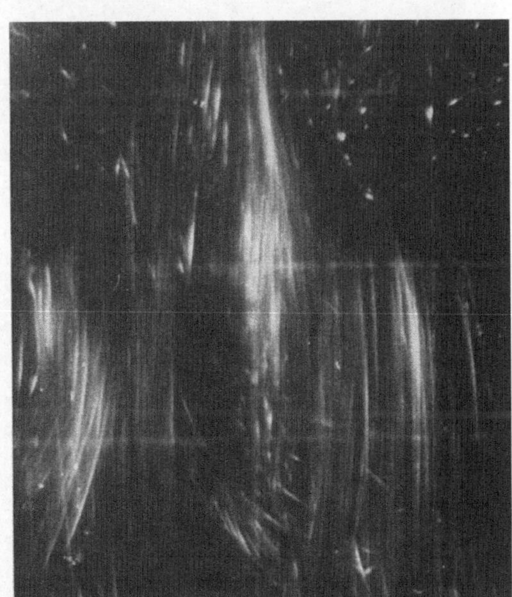

Abb. 25/5   Abb. 25/6

Abb. 25/5, Maßstab 2,4 : 1. Längswirbelkern (*F*) in der wandnahen Zone, der sich aus einer Wirbelspitze (ganz oben Mitte) entwickelt hat

Abb. 25/6, Maßstab 2,4 : 1. In oberer Bildhälfte (Mitte) vorschnellende doppelzüngige Wirbelspitze (*E*). In Bildmitte rechts längswirbelförmige Störung im Anfangsstadium (*G*) und Zone mit erhöhter Leuchtspurendichte (*H*)

4*

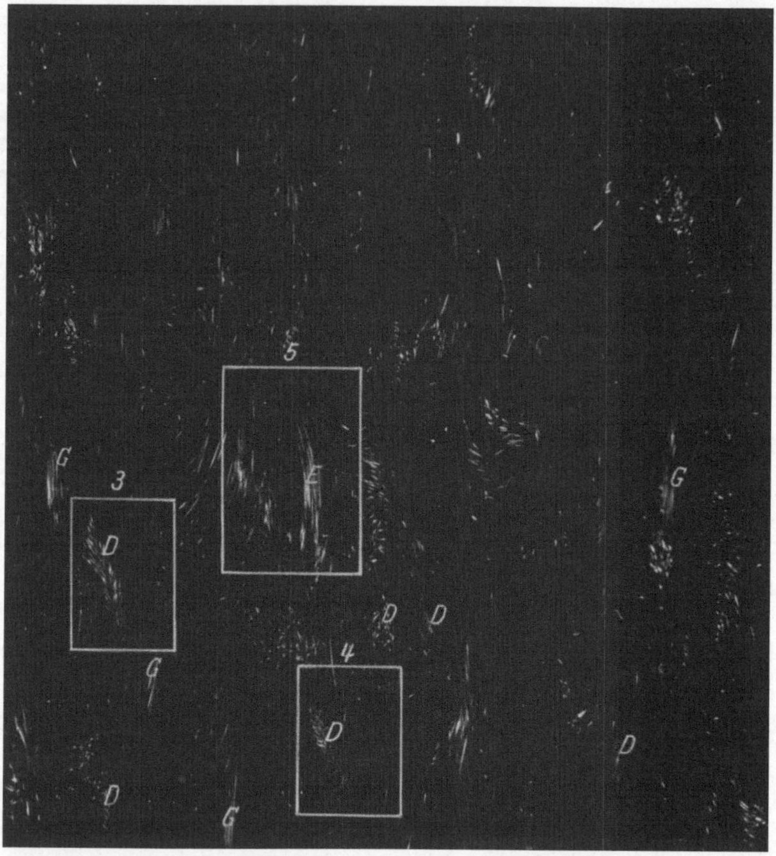

Abb. 26/1, Maßstab 1 : 1,1. Auftreten von ährenförmigen Wirbelstrukturen (*D*) in den äußeren Grenzschichtzonen des Umschlaggebietes. Die etwas dunkle Wiedergabe läßt nur die stärksten Störungen im Bilde erscheinen

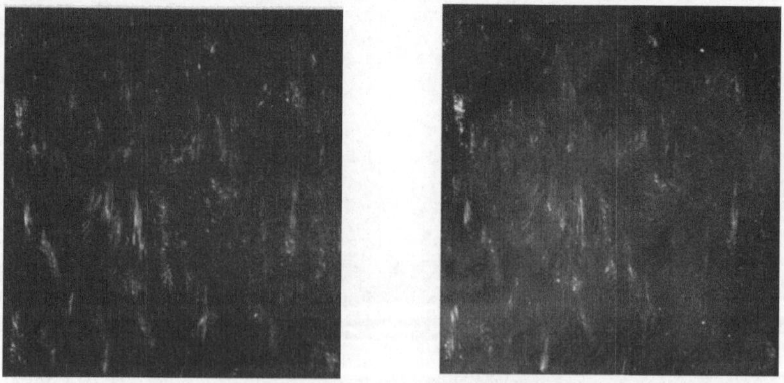

Abb. 26/2. Im Stereo-Bild sind Strömungsunregelmäßigkeiten in der äußeren Grenzschichtzone, die nach dem Zerfall des äußeren Querwirbels auftreten, in der Mitte und der oberen Hälfte des Bildes erkennbar. (Die Stereo-Anpassung des Auges ist durch Negativbeschädigungen rechts etwas schwieriger)

Abb. 26/3

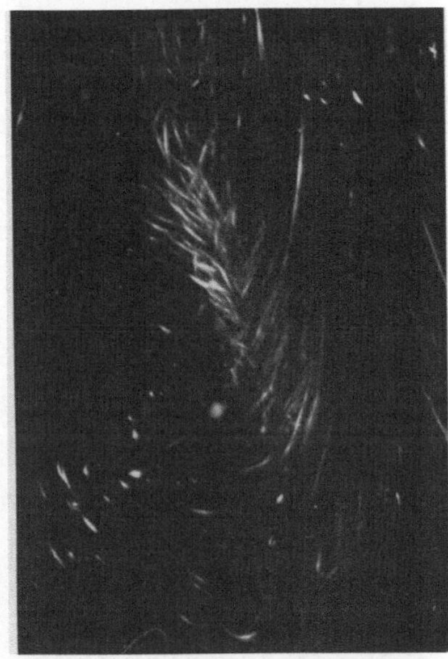

Abb. 26/4

Abb. 26/3, Maßstab 3,3:1 und Abb. 26/4, Maßstab 3,3:1. Ährenförmige Wirbelstrukturen (*D*) in äußerer Grenzschichtzone. Ihr Auftreten ist einzeln, lokalisiert und spontan und nicht aus Querwirbel-Deformationen entstanden. Sie sind relativ konkav zur Wand (vgl. auch Abb. 29/1 — 9)

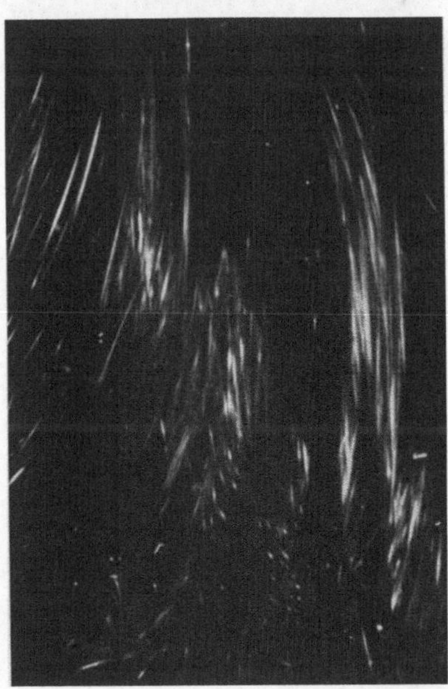

Abb. 26/5, Maßstab 2,4:1. In rechter Bildhälfte doppelzüngige Wirbelspitze im Anfangsstadium

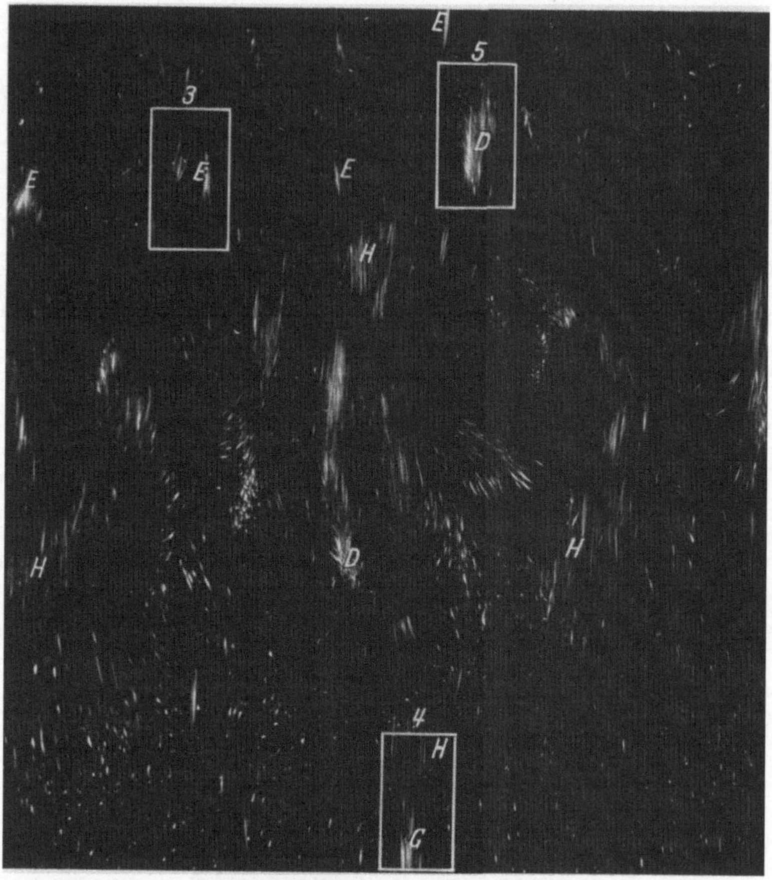

Abb. 27/1, Maßstab 1 : 1,1. Die etwas dunklere Wiedergabe läßt — im Vergleich zu Abb. 27/2 —
nur die stärksten Störungen erkennen. Bemerkenswert ist die stachelartige Form der
Störungen (E) (vgl. Abb. 27/3) sowie das Auftreten von intensiv ausgebildeten Zonen von
erhöhter Leuchtspurendichte (H) (in Abb. 27/2 besser erkennbar)

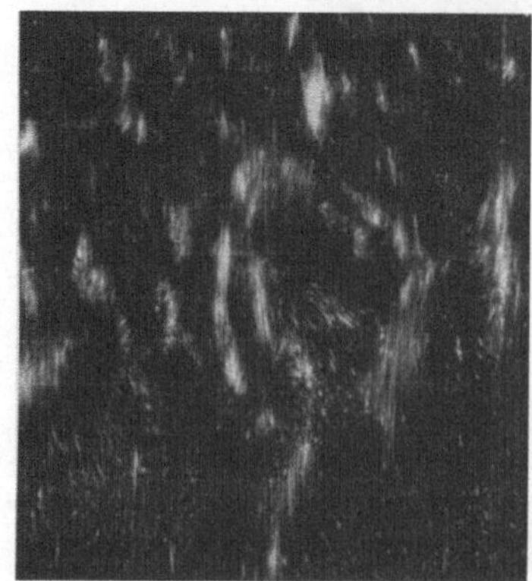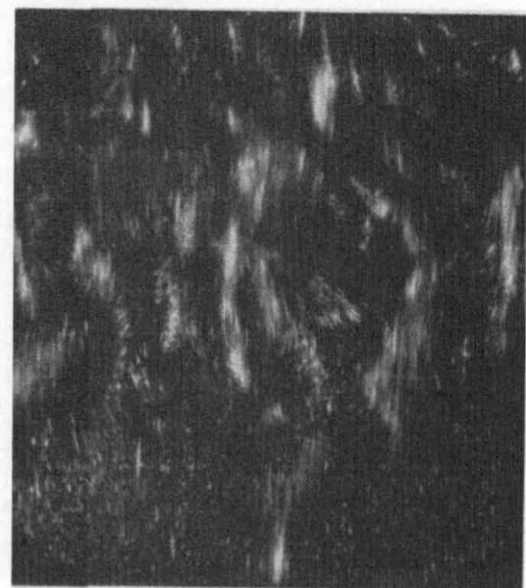

Abb. 27/2. Im untersten Teil des Bildes hat die Strömung den laminaren Charakter noch
weitgehend beibehalten. Im oberen Teil ist die Außenzone der Grenzschicht schon störungs-
behaftet, während sich in der Innenzone intensive lokale Störungen in der Form von stachel-
artigen Zungen erst ausbilden

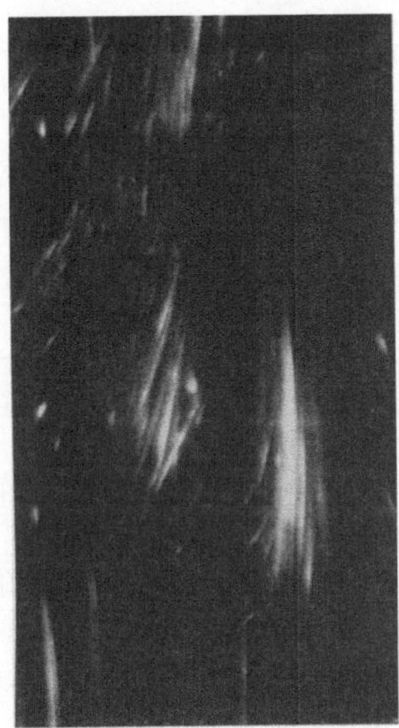 

Abb. 27/3, Maßstab 3,3:1. Doppelzüngige Wirbelspitze im Anfangsstadium (*E*). Die starken Lichtreflexionen deuten eine relativ große Störungsintensität an. Zu beachten ist der fast punkt- und stachelförmige Anfang

Abb. 27/4, Maßstab 3,3:1. Längswirbelartige Störung (*G*) im Anfangstadiums (untere Bildhälfte). In oberer Bildhälfte Zone mit erhöhter Leuchtspurendichte (*H*)

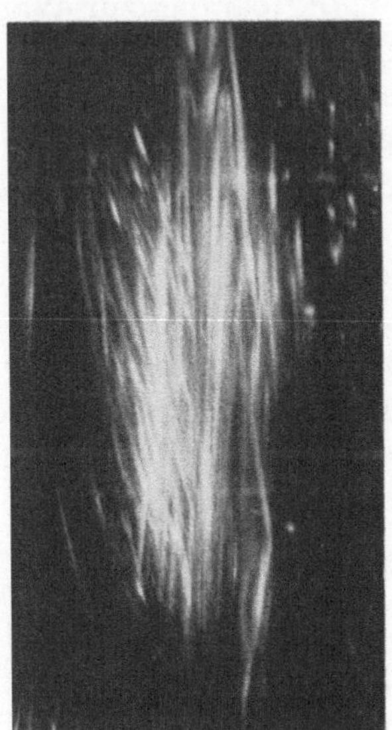

Abb. 27/5, Maßstab 3,3:1. Intensive längswirbelartige Störung in der Außenzone der Grenzschicht (in stark angefachtem Stadium)

Zu den in Tafelform mit kurzen Beschreibungen des wesentlichen wiedergegebenen typischen Bildserien ist noch das Folgende hinzuzufügen:

Bildserie 28/1—4. Diese Bildserie wurde wegen der guten Wiedergabe der allmählichen Entwicklung einer längswirbelartigen Störung in der Form einer doppelzüngigen Wirbelspitze (E_1) gebracht. Aus den vorhergehenden Aufnahmen (Abb. 24/2 und 27/2 sowie Ausschnittaufnahmen Abb. 24/3, 24/5 und 27/3), wo diese Strukturen als Typ (E) bezeichnet wurden, ist ersichtlich, daß sie in der wandnahen Grenzschichtzone auftreten.

In Abb. 28/1 ist zu erkennen, daß im unteren Teil des Bildes die Grenzschichtströmung mehr oder weniger laminar verläuft. Es bilden sich, am Anfang des Umschlaggebietes, bogenförmige Tollmien-Schlichting-artige Störungen aus. Die etwas breitere tangentiale Spaltlichtbeleuchtung erfaßt auch die Außenzonen der Grenzschicht, wo die Aluminiumlamellen praktisch in Ruhe sind. Die von diesen Lamellen emittierten Lichtreflexe überstrahlen die schwächeren Leuchtspuren der schneller vorbeiströmenden Aluminiumlamellen in den wandnäheren Grenzschichtzonen. Im Laufe der Bildung der Tollmien-Schlichting-artigen Querwirbel tritt eine zusätzliche Orientierung der Lamellen ein: die helleren Streifen entsprechen den annähernd parallel zur Wand orientierten Aluminiumlamellen über dem Wirbelkern mit sehr kleinen Geschwindigkeiten. In der oberen Bildmitte ist eine doppelzüngige Wirbelspitze (E_1) im Entstehungsstadium ersichtlich. Bei dem rechten Teil der Wirbelspitze ist der Wirbelkern durch einen verstärkt leuchtenden dünnen Strich visualisiert. Dieser Strich stellt nicht etwa eine stärker reflektierende Leuchtspur einer größeren Aluminiumlamelle dar (er hat sich im nächsten Bild nur um einen Teil seiner Länge nach oben verschoben), sondern er entsteht aus den miteinander verschwimmenden Leuchtspuren vieler orientierter Aluminiumflitterchen in einem relativ sehr intensiven Wirbelkern von kleinem Durchmesser.

In der Ausschnittvergrößerung 28/2/A aus Abb. 28/2 sind die sich spiralförmig um den Wirbelkern drehenden Leuchtspuren zu erkennen. Ob sich die doppelzüngigen Wirbelspitzen oben schließen und eine „haarnadelförmige" Wirbelstruktur bilden, konnte im Wassertank nicht ermittelt werden, da die Visualisationsbedingungen von Querwirbeln in seitlicher Spaltbeleuchtung nicht günstig sind. Die etwas verschiedenen Visualisationsstrukturen der rechten

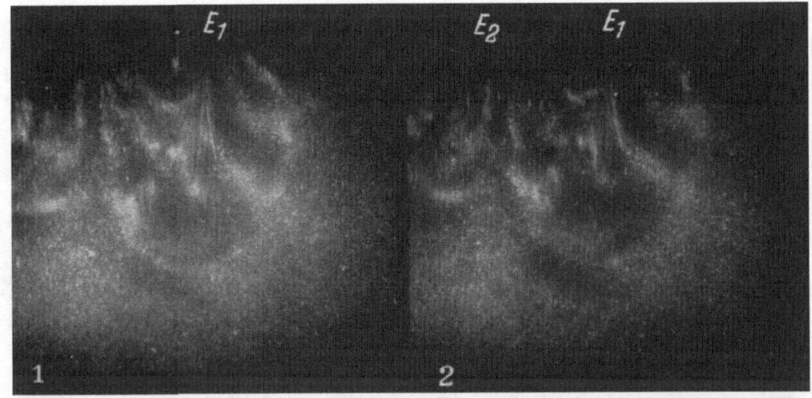

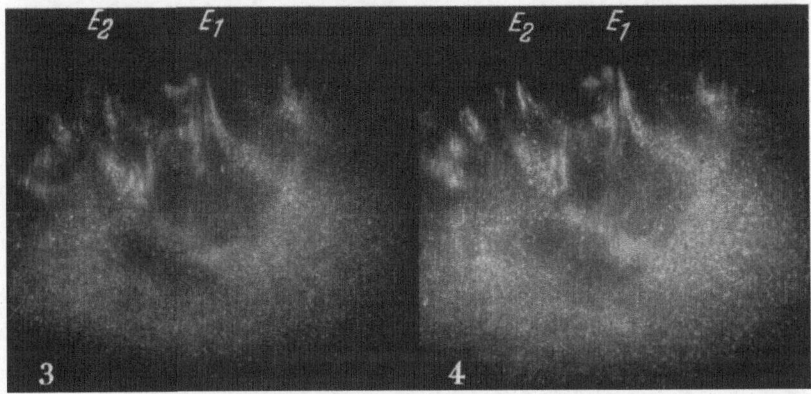

Abb. 28/1—4. Frontale Serienaufnahmen des Auftretens von Längswirbeln im Umschlaggebiet. Die längswirbelartige Struktur der sich bildenden doppelzüngigen Wirbelspitzen (E) ist in Abb. 28/2 durch das spiralförmige Kreuzen der Stromlinien im relativ engen Wirbelkern erkennbar. Zu beachten ist die bogenförmige Verzerrung der Tollmien-Schlichting-artigen Wellenfronten und der intensive und fast punktförmige Beginn der Wirbelspitzen (vgl. auch die frontalen Stereoaufnahmen Abb. 24/1—2, 25/6 und 27/1—3)

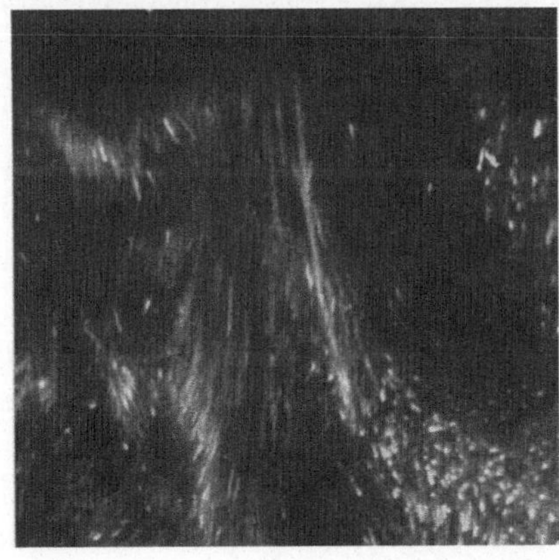

Abb. 28/2/A. Auf der links stehenden Ausschnittvergrößerung mit der doppelzüngigen Wirbelspitze E_1 (Abb. 28/2) ist das spiralförmige Kreuzen der Stromlinien deutlicher erkennbar. Es wird hier auch auf die Ähnlichkeit mit den in [17] erwähnten „haarnadelförmigen" und sich einholenden Wirbeln im Umschlaggebiet hingewiesen (vgl. auch Abb. 34, auf der das Vorausschnellen „haarnadelförmiger" Rauchstrukturen sichtbar ist)

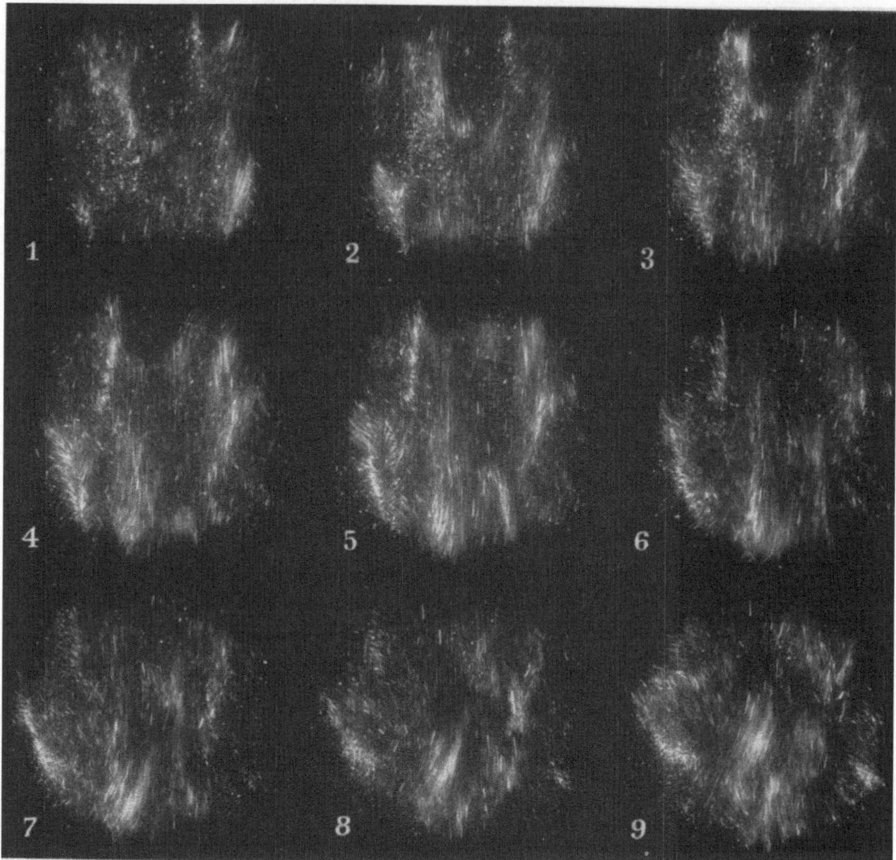

Abb. 29/1—9. Frontale Serienaufnahmen des Umschlaggebietes in etwas vergrößertem Maßstab. Das Entstehen, die Anfachung und der Zerfall eines kurzen Längswirbels in der äußeren Grenzschichtzone können gut verfolgt werden (dieser Wirbel ist auf Abb. 29/2 links unten durch seine ährenförmige Visualisationsstruktur erkennbar). Es treten auch andere, mehr oder weniger ausgeprägte Streifenbildungen mit Längswirbelstrukturen auf

und linken Wirbelspitze deuten auf einen gegenläufigen Sinn der Wirbel hin. Die rechte Wirbelspitze hat dabei, in Strömungsrichtung betrachtet, den Uhrzeigersinn. Im gleichen Sinn würde sich auch ein schleifenförmig deformiertes Teilstück des inneren Querwirbels drehen.

Im Laufe des weiteren Verlaufs und der Anfachung werden immer mehr von den nicht ausgerichteten und wenig Licht reflektierenden Aluminiumlamellen von dem sich verbreiternden Wirbel erfaßt und orientiert, die Lichtreflexionen werden stärker und verdecken allmählich den ursprünglichen Wirbelkern. In der gleichen

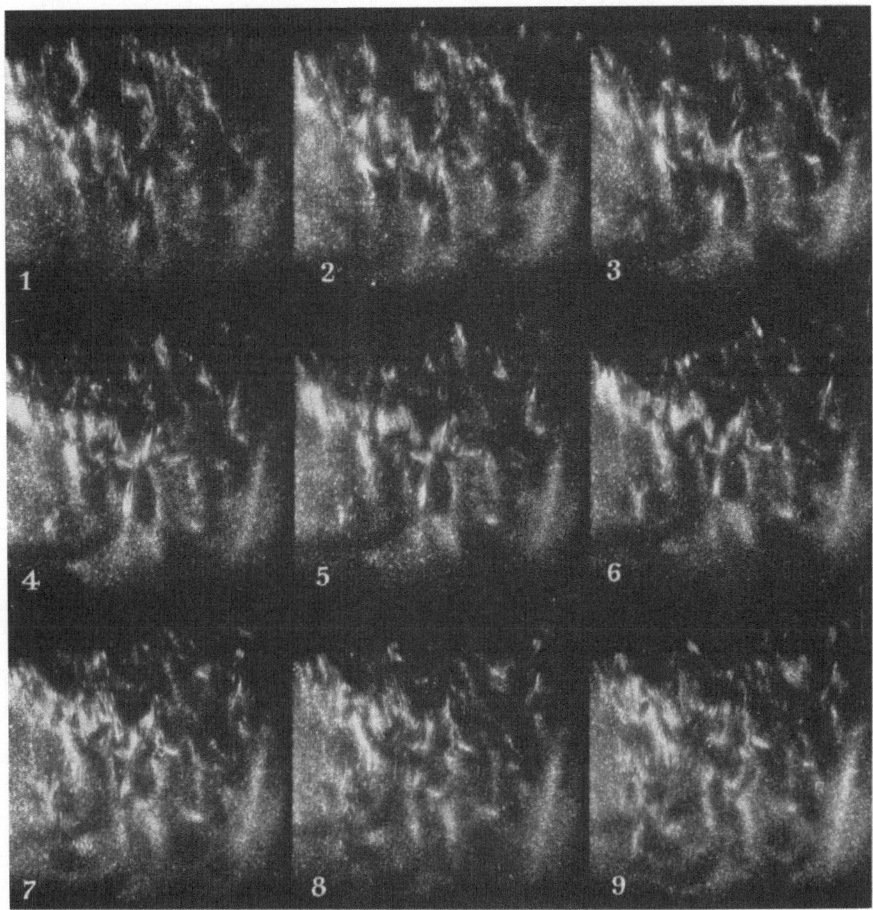

Abb. 30/1—9. Frontale Serienaufnahmen des Umschlaggebietes. Unter anderem sind das Entstehen, die Anfachung und der Zerfall einer längswirbelartigen Störung gut verfolgbar, deren Anfangsstadium auf Abb. 30/1, Mitte unten, als verstärkte Lichtreflexion sichtbar gemacht worden ist. Die Unregelmäßigkeit des natürlichen Umschlages ist gut erkennbar, ebenso wie die stellenweise Tendenz des Auftretens schräger Störungsfronten. Im linken Teil der Abb. 30/7 (oben links) ist eine intensive Bildung einer doppelzüngigen Wirbelspitze erkennbar

Bildserie sind mehrere solcher doppelzüngiger Wirbelspitzen erkennbar (z. B. in Abb. 28/4, links oben, eine wieder unsymmetrische, und rechts intensiver ausgebildete doppelzüngige Wirbelspitze E_2).

Bildserie 29/1—9. Sie umfaßt das Entstehen, die Anfachung und den Zerfall einer typischen Längswirbelstruktur in der Außenzone der Grenzschicht (vgl. die mit D bezeichneten Strukturen in Abb. 25/1—4 und 26/1—4).

Auf Abb. 29/1, links unten ist nur der Beginn von Leuchtspuren-Ansammlungen zu sehen ohne jede ausgeprägtere Struktur. $^1/_3$ sec später ist (Abb. 29/2) die für Längswirbelvisualisation typische ährenförmige Struktur entstanden (noch ohne ausgesprochene schwarze Mittellinie[1]), die in Abb. 29/5 ihre maximale Anfachung erzielt hat (mit schon ausgebildeter schwarzer Mittellinie), um dann weiter schnell zu zerfallen.

Bei den in kleinerem Maßstabe aufgenommenen Bildserien 30/1—9 und 31/1—8 ist die Unregelmäßigkeit des natürlichen Umschlages gut ersichtlich, außerdem kann die Entwicklung einzelner Störungen verfolgt werden.

3.0. Versuche mit der Platte in Luft

Im Gegensatz zu der Platte in Wasser, bei der nur der natürliche Umschlag beobachtet wurde, konnten bei der Platte in Luft auch Untersuchungen beim Umschlag mit erzwungenen Störungen gemacht und in beiden Fällen, neben visuellen Rauchfädenuntersuchungen, auch punktförmige Messungen der Geschwindigkeiten und Temperaturen durchgeführt werden. Die Möglichkeit der gegenseitigen Ergänzung der beiden Beobachtungsarten am gleichen Versuchsobjekt erwies sich als sehr zweckmäßig und aufschlußreich, ebenso die Vergleichsmöglichkeit des Ablaufes des natürlichen Umschlages mit dem Verlauf des Umschlages bei kontrollierten zwei- und dreidimensionalen Störungen.

Der Vorteil der Messungen beim natürlichen Umschlag ist, daß eventuelle unbeabsichtigte Nebenwirkungen[2] der benutzten Störungserzeuger vermieden werden. Alle Instabilitätsformen treten „natürlich" auf und entwickeln sich dann kritisch in einem Ausleseprozeß. Als Nachteil erweist sich allerdings die Tatsache, daß das Anfangsstadium des natürlichen Umschlagvorganges ein Zufallsprozeß ist mit einem flackernden und „spot"-haften Charakter[3]. Diese „spot"-hafte Entstehung konnte trotz größter Vorsichtsmaßnahmen, die zur Erzielung einer störungsfreien Anströmung ge-

---

[1] Vgl. S. 44.

[2] Zum Beispiel Nachlaufströmungseffekte hinter Hindernissen, die dem Umschlag unter Umständen einen anderen Charakter geben könnten.

[3] Dies wurde beim Umschlag einer laminaren Plattenströmung zuerst von Emmons [66] entdeckt, und dann von Schubauer und Klebanoff [14], sowie Kovasznay und Criminale [26], [25] unter verschiedenen Voraussetzungen weiter untersucht.

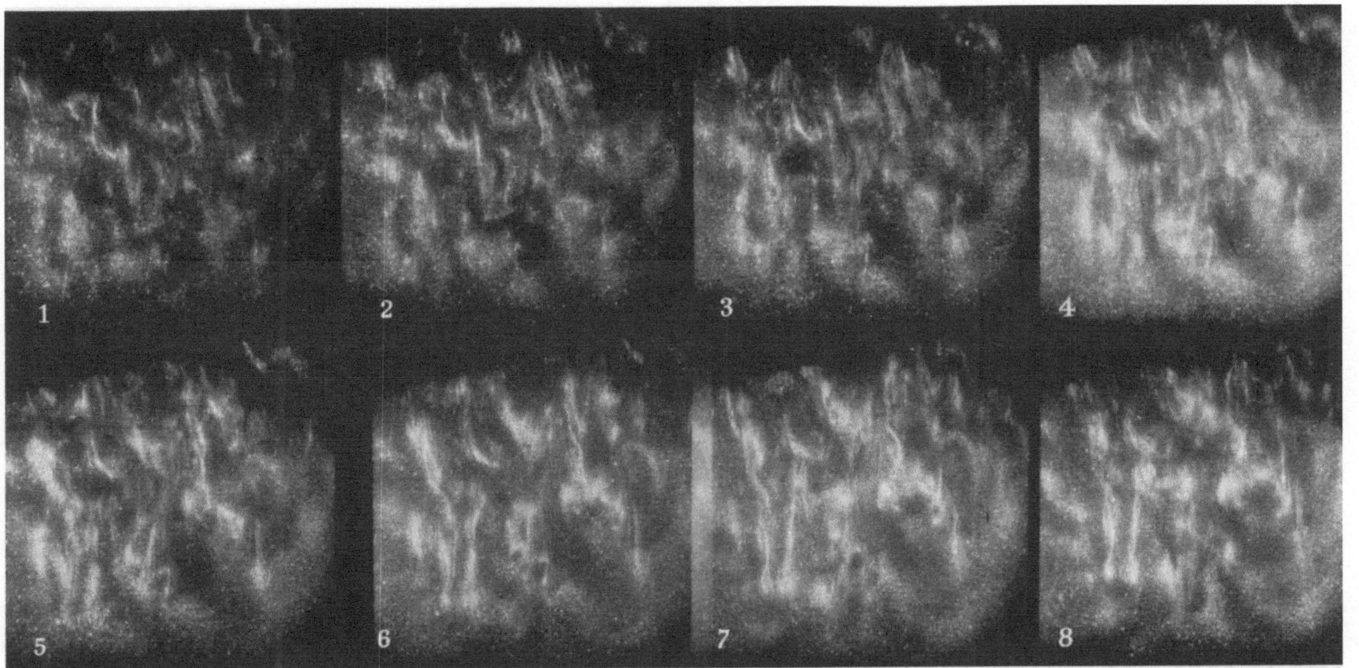

Abb. 31/1—8. Frontale Serienaufnahmen von Längswirbeln im Umschlaggebiet, bei etwas höherer Plattentemperatur als bei den vorhergehenden Serienaufnahmen. Die immer ausgeprägter auftretenden längswirbelartigen Störungen geben dem Strömungsbild ein charakteristisches, gestreiftes Aussehen. Die zuerst zungenförmig und lokalisiert auftretenden Längswirbelstrukturen werden länger und in Strömungsrichtung gestreckt und ausgerichtet. Es tritt vereinzelt ein Hindurchziehen von längswirbelartigen Störungen über mehr als eine Wellenlänge der primären Tollmien-Schlichtung-artigen Störungen auf macht wurden[4], nicht gänzlich vermieden oder unterdrückt werden. Die Zufälligkeit der Störungsentwicklung und ihr ausgeprägt dreidimensionaler Charakter erschweren aber die Interpretation der punktförmigen Temperatur- und Geschwindigkeitsmessungen.

Der Vorteil der Umschlaguntersuchungen bei erzwungenen Störungen ist die Regelmäßigkeit der sich aus den injizierten Störungen weiter entwickelnden Umschlagformen. Außerdem ist eine viel bessere Annäherung an die Voraussetzung der Theorie der kleinen Störungen gewährleistet. Der ideale Fall wäre die Erreichung einer strengen Periodizität des Störungsvorganges und der Umschlagentwicklung. Dies würde eine punktförmige Abtastung des Strömungsfeldes gestatten. Aus Oszillogrammen der Störungstemperatur- und Störungsgeschwindigkeitsverteilung unter Berücksichtigung der relativen Phasenverschiebungen könnte dann die dreidimensionale Ausbildung des Umschlagprozesses in ihrem Anfangsstadium erfaßt werden, ähnlich wie es KLEBANOFF, TIDSTROM und SARGENT [17] in hervorragender Weise gelungen ist. Daher war und ist es eine der Hauptanstrengungen, im Laufe der vorliegenden Untersuchungen mit erzwungenen Störungen die benötigte strenge Periodizität des Umschlagablaufes durch Anwendung geeigneter Störungserzeuger zu erzielen. Dies ist jedoch zur Zeit noch nicht in einem genügenden Maße erreicht worden. Der zeitliche Umfang der Entwicklung und Erprobungen weiterer Störungserzeuger-Modifikationen und weiterer Maßnahmen zur Beruhigung der Luftstörungen der Anströmung macht es nicht möglich, diese Untersuchungen noch im Rahmen der vorliegenden Arbeit zu bringen.

---

[4] Siehe Beschreibung der experimentellen Anordnung, Abschnitt 1.2. Es wurde unter anderem mit Hilfe von Hitzdrahtmessungen beim natürlichen Umschlag und beim Umschlag mit erzwungenen Störungen der Einfluß von zusätzlich angebrachten Plattenseitenwänden untersucht, sowie der einer zusätzlich bis zum Boden reichenden Plattenverlängerung. Es stellte sich heraus, daß diese Maßnahmen den Umschlaganfang in das Gebiet kleinerer Grashof-Zahlen verschoben, so daß sich die frei aufgehängte Platte doch als allergünstigste Anordnung erwies. ECKERT, HARTNETT und IRVINE [5] haben ihre Platte mit einer Plexiglasverkleidung umschlossen. Die Luftzufuhr erfolgte von unten und rückwärts (Abb. 1, [5]). Damit konnte natürlich der Einfluß der Luftstörungen in der Versuchskammer vermindert werden, außerdem war die Rauchfädenzufuhr wesentlich erleichtert. Durch die Kaminwirkung der Anordnung aber ist man von den Anströmverhältnissen der freien Konvektion weitgehend abgegangen.

3.1. Rauchfäden-Visualisierung des laminar-turbulenten Umschlages

Die Interpretationsschwierigkeiten von Streichlinien-Visualisierungen, insbesondere bei wellenförmigen Störungen in Scherströmung wurden von HAMA [9] näher untersucht. Die instationären Rauchfäden-Streichlinien entsprechen nicht den Stromlinien, indirekt aber deuten seitliche Streichlinienbewegungen und- schlängeln gleichzeitig auch seitliche Stromlinienbewegungen an. Die Rauchversuche ergeben einen Hinweis auf Wirbelbildung, da Rauchfäden-Visualisierungen bei Tragflügeluntersuchung gezeigt haben, daß Rauch bis zum Zerflattern in einem Wirbel verbleibt, wenn er sich einmal darin befindet. Es wird auch auf die parallel durchgeführten Rauch- und Hitzdrahtuntersuchungen von MOCHIZUKI [67], [68] hingewiesen. Sie bestätigen, daß sich Rauch im Wirbelkern von Längswirbeln, die sich in der Grenzschicht hinter einem kugelförmigen Rauhigkeitselement während des Umschlages ausbilden, ansammelt.

Die oben erwähnte Tendenz der Rauchansammlung im Wirbel ist auch bei den vorliegenden Untersuchungen zu bemerken (vgl. Abb. 36, 40, 41, 42, 43 und 44), wo Rauchkonzentrationen bei Querwirbeln und längswirbelartigen Strukturen auftreten. Diese bleiben während des Bestehens des Wirbels erhalten, wogegen die Rauchfäden und Rauchfädenansammlungen in den benachbarten Zonen im Laufe des laminar-turbulenten Umschlages sich verdünnen, verschwinden oder zerflattern.

Bei den vorliegenden Rauchfäden-Visualisierungen wurde auf störungsfreien Rauchaustritt und vollkommene Luftberuhigung im abgetrennten Versuchsraum besonders geachtet. Bei einigen Versuchen dagegen wurde auf eine vollkommene Beruhigung der Luft absichtlich nicht gewartet, um den Einfluß einer nicht ganz beruhigten Anströmung auf die Störungsausbildung zu untersuchen — der Umschlag erfolgte, wie erwartet, schneller; längswirbelartige Störungen waren auch stärker ausgeprägt (s. Abb. 36).

Der Rauch wurde entweder aus der hohlen Plattenvorderkante oder aus dem verstellbaren Rauchkamm (Abb. 35) emittiert. Der durch die Rauchfäden und Rauchansammlungen wiedergegebene Strömungsverlauf hängt weitgehend vom Plattenabstand der in die Grenzschicht eingeführten Rauchfäden ab.

Bei Raucheinfuhr aus der hohlen Plattenvorderkante[1] befinden sich die Rauchfäden, wenn sie das Umschlaggebiet erreichen, in

---

[1] Wie sie auch bei [1] und in einer etwas abgeänderten Form in [5] durchgeführt wurde.

den wandnahen Grenzschichtzonen, da im Laufe der Grenzschicht-Dickenzunahme immer neue Luftteilchen von außen in die Grenzschicht einströmen. Wie aus Abb. 54 und 55 ersichtlich, befinden sich die Rauchfäden dann unterhalb oder in der Höhe des wandnahen Tollmien-Schlichting-artigen Querwirbels und werden im Laufe der Wirbelbildung nach typischem, zungenförmigem Hervorschnellen um den Wirbelkern eingerollt (Abb. 32, 33, 34 und 38). Dreidimensionale Bewegungen sind schon vorher zu bemerken (Abb. 37 und 38).

Aus den im vorigen Kapitel beschriebenen Visualisationsversuchen im Wassertank mit Aluminiumlamellen ist es ersichtlich, daß der Beginn des laminar-turbulenten Umschlages zuerst in den äußeren Grenzschichtzonen einsetzt, und daß die äußeren Tollmien-Schlichting-artigen Querwirbel zuerst zerfallen[2], während die Strömung in Wandnähe noch regelmäßig verläuft. Im ruhenden Bezugssystem sind bei den Stromlinienbildern nur die äußeren Querwirbel erkennbar (Abb. 54).

Bei den Rauchfädenversuchen stieß die Visualisierung der äußeren Tollmien-Schlichting-artigen Wirbel auf Schwierigkeiten, da eine einwandfreie Raucheinfuhr in die äußeren Grenzschichtpartien nicht glückte wegen der im Vergleich zu den äußerst kleinen Anströmungsgeschwindigkeiten sich doch noch störend auswirkenden Rauchsenkgeschwindigkeit. Es war jedoch möglich, mit Hilfe des verstellbaren Rauchkammes bei sorgfältiger Regulierung der Rauchausströmungsgeschwindigkeit und Rauchvorwärmung die Rauchfäden in die mittleren Grenzschichtlagen hineinzubringen, wo sie oberhalb des später entstehenden, wandnahen Querwirbels verliefen und leichter in die sich im Laufe des Umschlages bildenden längswirbelartigen Strukturen hineingezogen wurden (Abb. 43 und 44/1—6).

Aus dem vorangehenden ist ersichtlich, daß die Rauchfädenversuche nur als zusätzliche Informationen zu bewerten sind. Man kann sie im Gebiet der Streichlinien schwer interpretieren, sie bieten aber doch einen gewissen Einblick auf die Wirbelbildung sowie auf die relativ sehr früh einsetzenden dreidimensionalen Grenzschichtinstabilitäten.

3.1.1. Rauchfäden-Visualisierung des Umschlages bei erzwungenen zweidimensionalen Störungen. Die Rauchfädenversuche mit

---

[2] Vgl. auch die Untersuchungen von Szewczyk [7] mit verschiedenfarbigen Flüssigkeitsfäden-Kämmen.

erzwungenen Pulsdrahtstörungen werden vor den Versuchen bei „natürlichem" Umschlag beschrieben. Es erwies sich als zweckmäßig, die bei erzwungenen Störungen regelmäßiger auftretenden Umschlagformen zuerst zu diskutieren, da sie im „natürlichen" Umschlagverlauf nicht so übersichtlich und regelmäßig verlaufen.

Die Rauchversuche sollten außerdem die Regelmäßigkeit der Störungserzeugung selbst überprüfen[1]. Es wurde der Einfluß verschiedener Störungsfrequenzen und -intensitäten untersucht sowie der Einfluß der Turbulenz der Anströmung. Parallel durchgeführte Hitzdrahtmessungen ergaben, trotz sorgfältiger Raucheinfuhr, ein etwas früheres Auftreten der den Umschlagbeginn charakterisierenden Zacken in den u-Oszillogrammen[2].

Eine kurze Beschreibung der markantesten Rauchfädenstrukturen ist für jede der wiedergegebenen Aufnahmen durchgeführt worden.

Zusammenfassend kann gesagt werden:

1. Störungswellenfronten bilden sich nach einer äußerst kurzen Laufstrecke (vgl. Abb. 32, wo die Rauchkonzentration und -verdünnung schon bei $x = 650$ mm, d.h. nach etwa vier Grenzschichtdicken auftritt). Ohne erzwungene Störungen entsteht die Rauchkonzentration erst erheblich später (Abb. 37 und 38).

2. Schon am Anfang sind Welligkeiten in der Spannweitenrichtung bemerkbar mit unregelmäßiger Wellenlänge und schwankender Lage der aufeinanderfolgenden Wellenberge bzw. -täler (Abb. 32 und 33).

3. Verstärkung der Intensität der Pulsdrahtstörungen verändert das Aussehen des Rauchfadenbildes: die zweidimensionalen Störungen dominieren, die Welligkeit in Spannweitenrichtung tritt zurück, der Zerfall des wandnahen Querwirbels erfolgt schlagartig. Es ist ein sehr intensives Einrollen der Rauchfäden zu beobachten (Abb. 35, $x = 1035$ mm).

4. Bei noch stärkerer Störungsintensität und leichter Turbulenz der anströmenden Luft kommen längswirbelartige Rauchansammlungen stärker zum Vorschein (Abb. 36).

---

[1] Im Vergleich zu den punktförmigen Messungen der Entwicklung der Störungstemperatur und -geschwindigkeiten aus den Pulsdraht-Störungen (3.2 und 3.3.1) konnte hier die Störungswellenausbreitung über die ganze Plattenspannweite verfolgt werden. Die Pulsdrahtlage war bei allen Aufnahmen die gleiche wie bei den Hitzdrahtversuchen: $y = 10,5$ mm, $x = 490$ mm (S. 31).

[2] Vgl. das Auftreten von „spikes" in den Oszillogrammen bei den Versuchen von KLEBANOFF, TIDSTROM und SARGENT [17].

Abb. 32. Rauchfäden-Visualisierung des Umschlages bei schwachen, erzwungenen, zwei-dimensionalen Pulsdrahtstörungen. Der Rauchaustritt erfolgt aus der hohlen Platten-vorderkante. Das spiralförmige Aufrollen und Konzentrieren der Rauchfäden-Streichlinien ist bei $x \approx 1040$ mm schon erkennbar sowie auch die Welligkeit in Spannweitenrichtung, die sich mit der Lauflänge verstärkt (vgl. auch die folgende, zu einem anderen Zeitpunkt gemachte Nahaufnahme: Abb. 33)

5. Im Laufe des Zerfalls der wandnahen Querwirbel treten „haarnadelförmige" Rauchstrukturen mit vorschnellenden Zungen auf (Abb. 34). Dabei holt die untere Zunge die obere ein[3].

---

[3] Es wird hier auf das Auftreten von doppelzüngigen Wirbelspitzen bei den Versuchen im Wassertank hingewiesen (s. S. 56, 57), sowie auf die in [17] mit Hitzdrahtmessungen konstatierten „haarnadelförmigen" Wirbel im Umschlaggebiet einer Blasiusschen Plattenströmung.

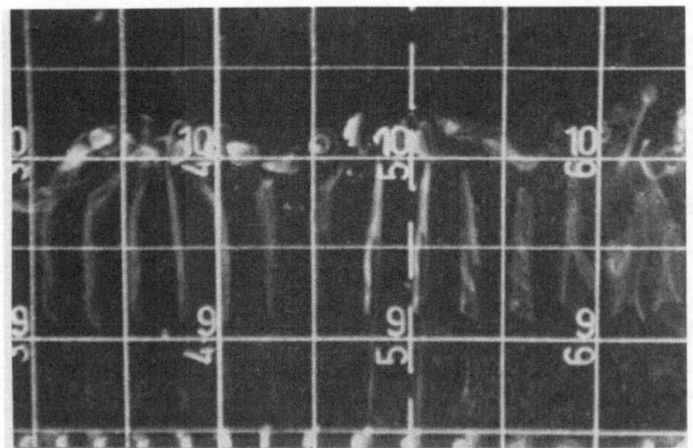

Abb. 33. Nahaufnahme des Umschlages bei schwachen, erzwungenen Pulsdrahtstörungen. Die in Spannweitenrichtung periodische, dreidimensionale Verzerrung der Tollmien-Schlichting-artigen Störungen ist klar erkennbar sowie die Tendenz des seitlichen Zuströmens zu den Zonen von erhöhter Geschwindigkeit. Rauchaustritt aus hohler Plattenvorderkante (vgl. auch Abb. 34)

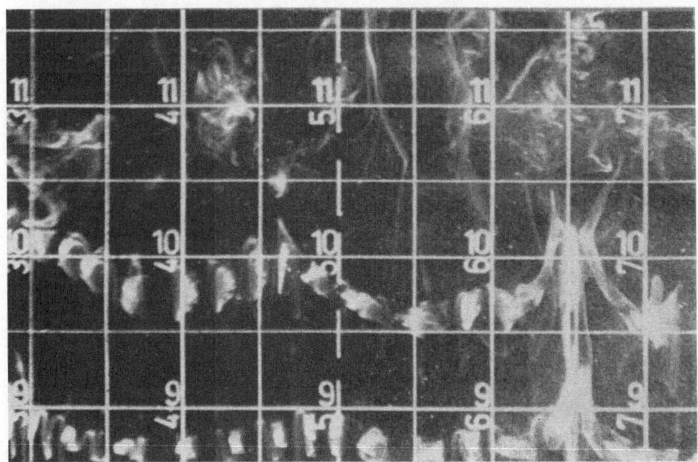

Abb. 34. Nahaufnahme des Umschlaggebietes bei stärkeren erzwungenen Pulsdrahtstörungen. Rauchaustritt aus dem Rauchkamm. Bei verstärkter Querwelligkeit ist bei $z = 650$ mm das Vorausschnellen von „haarnadelförmigen" Rauchstrukturen erkennbar. Die untere schleifenförmige Spitze holt die obere ein, indem sie sich gleichzeitig hineinzwängt (vgl. Abb. 28/1—4)

6. Bei kleineren Störfrequenzen ist die Tendenz einer Frequenzverdoppelung auch visuell erkennbar (Abb. 35).

Rauchversuche mit zusätzlichen dreidimensionalen Störungserzeugern[4] sind zur Zeit noch nicht abgeschlossen; es wird daher hier darüber nicht berichtet.

---

[4] Vgl. S. 31, 32.

Abb. 35. Rauchfäden-Visualisierung des Umschlages bei etwas stärkeren, erzwungenen
Pulsdrahtstörungen. Rauchaustritt aus dem Rauchkamm. Das Einziehen der aus dem
Rauchkamm ausströmenden Rauchfäden in die Grenzschicht und deren Verbreitung darin
sind gut sichtbar. Bei $x = 750$ und 950 mm ist die Bildung von schwächeren Querwirbeln
erkennbar, die zwischen den von Pulsdrahtstörimpulsen erzeugten liegen. Diese Frequenzverdoppelung wurde auch bei Oszillogrammen der Störungstemperaturen (Abb. 45/2—4)
sowie bei Versuchen im Wassertank (Abb. 16) bemerkt

3.1.2. Rauchfäden-Visualisierung bei natürlichem Umschlag. Zu-
sätzlich zu den kurzen Erläuterungen unterhalb der später gezeig-
ten Aufnahmen typischer Rauchfädenformen kann zusammenfassend gesagt werden:

1. Dreidimensionale Erscheinungen treten noch vor den Rauchansammlungen und dem Rauchfädeneinrollen auf. Sie werden

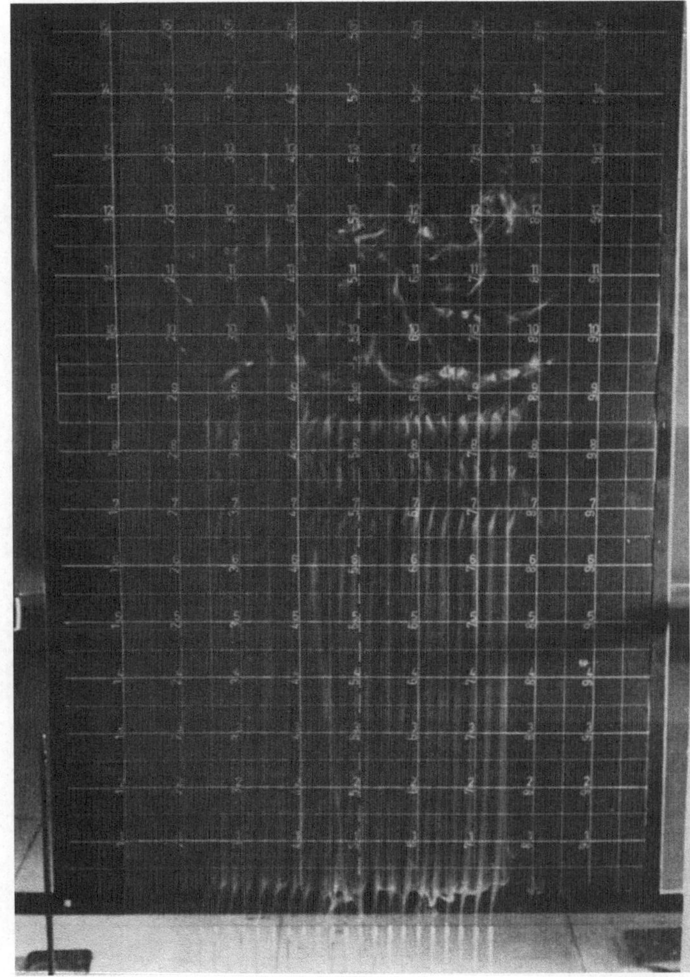

Abb. 36. Rauchfäden-Visualisierung des Umschlages bei starken Pulsdrahtstörungen und absichtlich nicht gänzlich beruhigter Luft in der Versuchskammer. Der Zerfallsvorgang erfolgt relativ schneller und nach kürzerer Laufstrecke. Zu beachten ist das Auftreten von kurzen, zopfartigen Rauchansammlungen, die auf kurze, längswirbelartige Strömungsformen deuten (zwischen $x = 950 - 1100$ mm). Das ursprüngliche Bild der Rauchfäden-Konzentrierung in Wellenfronten geht in eine Zone von kurzen, längsstreifenartigen Rauchansammlungen über (vgl. auch Abb. 43 und 44/1—9 sowie Visualisationsbilder im Wassertank: Abb. 24, 25, 29, 31)

durch das seitliche Schlängeln der Rauchfäden angedeutet (Abb. 37, 38, 39).

2. Die Störungsfronten haben selten die gerade und regelmäßige Form wie bei den erzwungenen Störungen. Ihre Form wechselt ständig. Es treten oft schräge, stufenförmig ausgebildete Wellenfronten auf (Abb. 41).

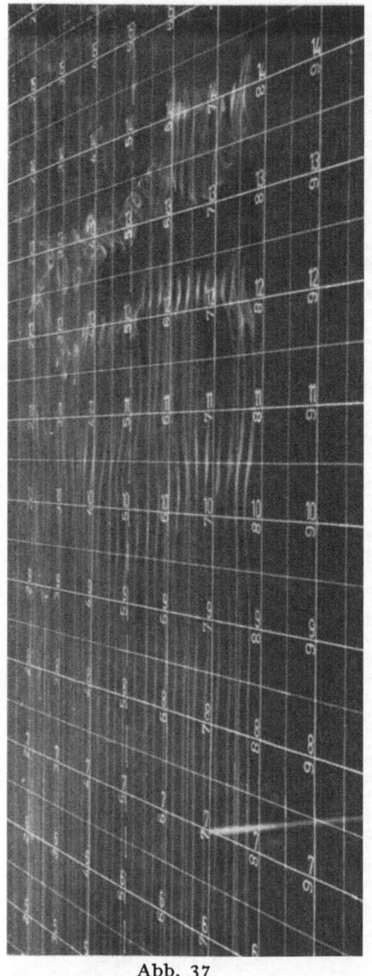

Abb. 37   Abb. 38

Abb. 37 und 38. Natürlicher Umschlag, Rauchaustritt aus hohler Plattenvorderkante. Die Plattenaufheiztemperatur ist geringer als bei den vorhergehenden Abbildungen. Der Umschlag tritt daher dementsprechend später auf. Noch vor dem Einrollen ist das Auftreten von seitlichen Schlängelbewegungen der Rauchfäden ($x = 950 - 1100$ mm) in Abb. 37 bemerkbar, die nicht in gleicher Phase sind, sondern abwechselnd konvergieren und divergieren. Das bei $x = 1300$ mm auftretende Einrollen der Rauchfäden ist auch auf Abb. 38 bei $x = 1200$ mm deutlich sichtbar, es wird durch ein typisches, zungenförmiges Hervorschnellen ($x = 1100$ mm, $z = 750$ mm) eingeleitet. Diese Rauchfädenstrukturen kommen dadurch zustande, daß der wandnahe Querwirbel die mit Rauch markierten Luftpartikeln im Sinne seiner Rotation mitzieht. Durch Raucheinfuhr mit Rauchkamm in die wandnahe Zone der Grenzschicht werden Strömungsvorgänge in den äußeren Grenzschichtzonen mit äußerem Querwirbel nicht sichtbar

3. Bei erhöhter Luftturbulenz der Anströmung ist die Ausbildung dreidimensionaler Störungen intensiver (Abb. 43). Neben sich schlängelnden Rauchfädenstreichlinien treten auch näpfchenförmige Rauchstrukturen auf (Abb. 41).

 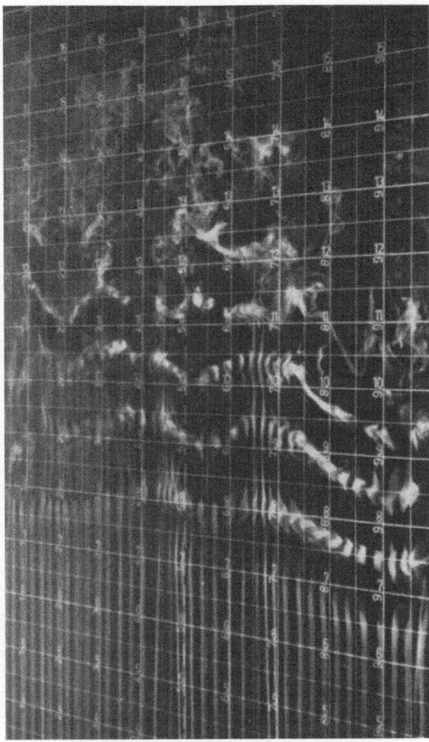

Abb. 39   Abb. 40

Abb. 39 und 40. Natürlicher Umschlag bei stärkerer Plattenaufheiztemperatur als bei Abb. 37 und 38. Rauchfädeneinfuhr durch den Rauchkamm. Bei noch nicht stark ausgeprägter Wellenförmigkeit in Spannweitenrichtung sind auf Abb. 39 schon ausgeprägte dreidimensionale Bewegungen zu erkennen ($x = 700 - 800$ mm). Der weitere Zerfall des Querwirbelkernes erfolgt durch Zerflatterung ($x = 1000$ mm, $z = 200 - 700$ mm) oder durch blasenartige Zusammenballung ($x = 1000$ mm, $z = 750$ mm); vgl. auch Abb. 42: $x = 1300$ mm, $z = 600$ mm). Bei Abb. 40 dagegen ist die Welligkeit in Querwellenrichtung ausgeprägter

4. Der Zerfall der inneren Tollmien-Schlichting-artigen Querwirbel erfolgt nicht einheitlich. Es wurden folgende Zerfallsformen der Rauchansammlungen beobachtet:

a) Unregelmäßiges Zerflattern[1] (Abb. 39).

b) Blasenförmige Konzentration[1] (Abb. 39 und 42).

c) Aufteilung und Ankleben eines Wirbelendes an der Platte (Abb. 42, 43).

d) Zerfall in längswirbelartige Rauchstrukturen (Abb. 43).

5. Rauchkonzentrationen, die auf das Auftreten längswirbelartiger Strukturen deuten, waren deutlich zu erkennen, insbesondere

---

[1] Die in 4 a und 4 b erwähnten Zerfallsformen wurden auch bei Tragflügelwirbeln beobachtet ([69], Abb. 33 und 34).

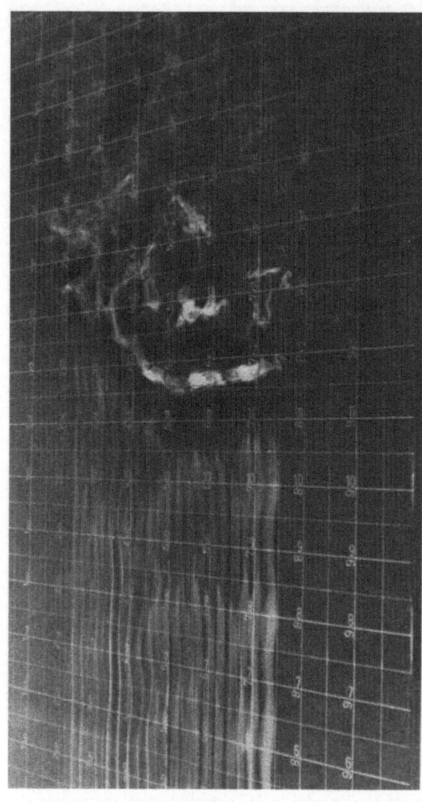

Abb. 41

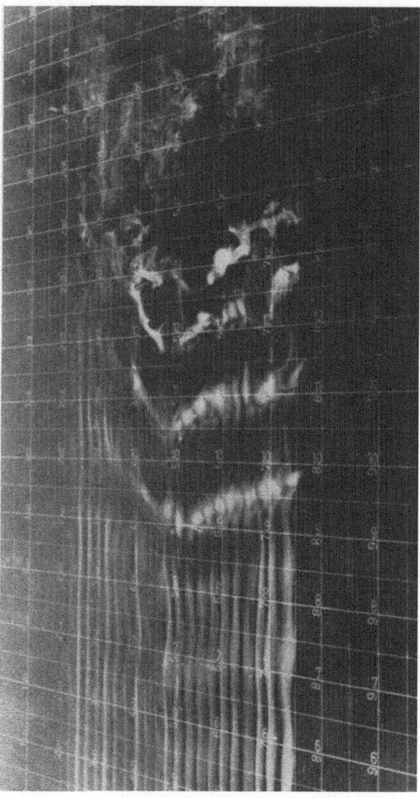

Abb. 42

Abb. 41 und 42. Die Rauchzufuhr durch den Rauchkamm wurde verstärkt; die Luft in der Versuchskammer war absichtlich nicht ganz beruhigt. Auf Abb. 41 treten die dreidimensionalen Bewegungen schon relativ früh auf. Es sind näpfchenartige Verschattungen erkennbar. Der Konzentrations- und Zerfallsvorgang verläuft außerordentlich schnell und intensiv. Zu bemerken ist das Auftreten einer schrägen, stufenförmigen Wellenfront, die auch bei Visualisationsversuchen im Wassertank auftrat (Abb. 30). Auf Abb. 42 tritt die schon erwähnte blasenförmige Querwirbelinstabilität auf ($x = 1300$, $z = 600$ mm). Bei $x = 1200$ mm, $z = 450$ mm ist das Ankleben des Querwirbels an die Wand erkennbar

bei etwas intensiverer Rauchzufuhr in die mittleren Grenzschichtlagen mit dem Rauchkamm.

Es besteht eine morphologische Ähnlichkeit mit den Visualisationsbildern im Wassertank: Es treten, analog zu den längswirbelartigen, ährenförmigen Strukturen in der äußeren Grenzschichtzone (D) ähnliche Rauchansammlungen auf, und zwar einzeln und konkav zur Wand (vgl. die in Abb. 44/2 auftretende Rauchkonzentration in Längsrichtung, deren weitere Entwicklung in den Serienbildern 44/3—6 zu verfolgen ist).

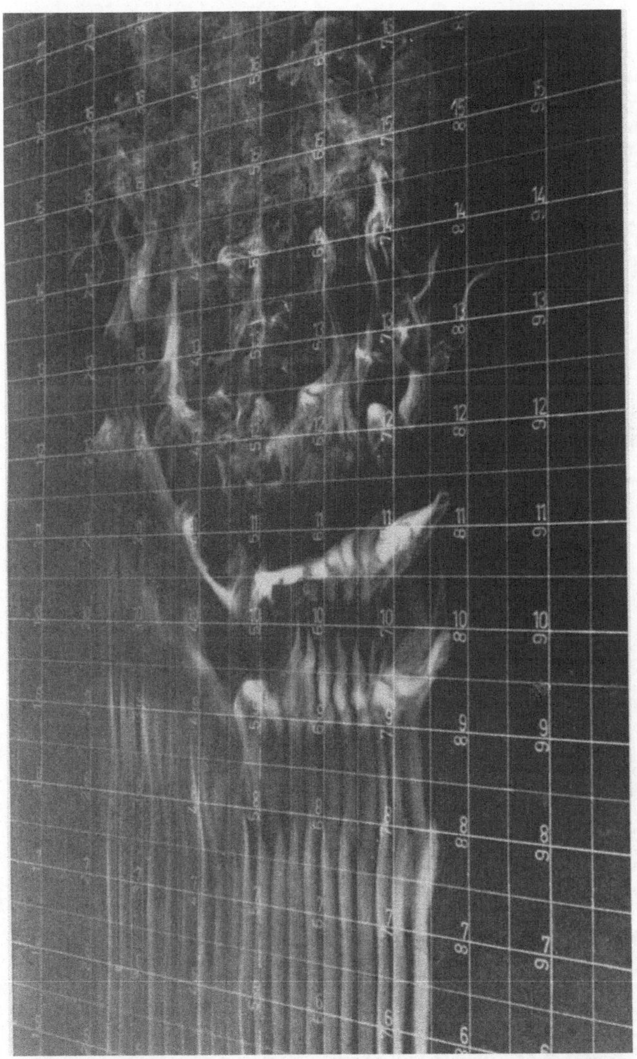

Abb. 43. Rauchzufuhr aus dem Rauchkamm etwas weiter von der Platte entfernt. Leichte Luftturbulenz im Versuchsraum. Nach dem Zerfall der Querwirbel ausgeprägte längswirbelartige Rauchkonzentrationen bei $x = 1250 - 1400$ mm. Die Wirbelkerne sind insbesondere bei $x = 1300 - 1400$ mm und $z = 600 - 850$ mm gut erkennbar

Den im Wassertank beobachteten doppelzüngigen Wirbelspitzen (E) entsprechen ähnliche vorschnellende zungenartige Rauchstrukturen[2] (Abb. 44/1 oben links).

[2] Sie weisen allerdings nicht die regelmäßige Form der bei erzwungenen Störungen auftretenden „haarnadelförmigen" Rauchstrukturen auf (vgl. Abb. 34).

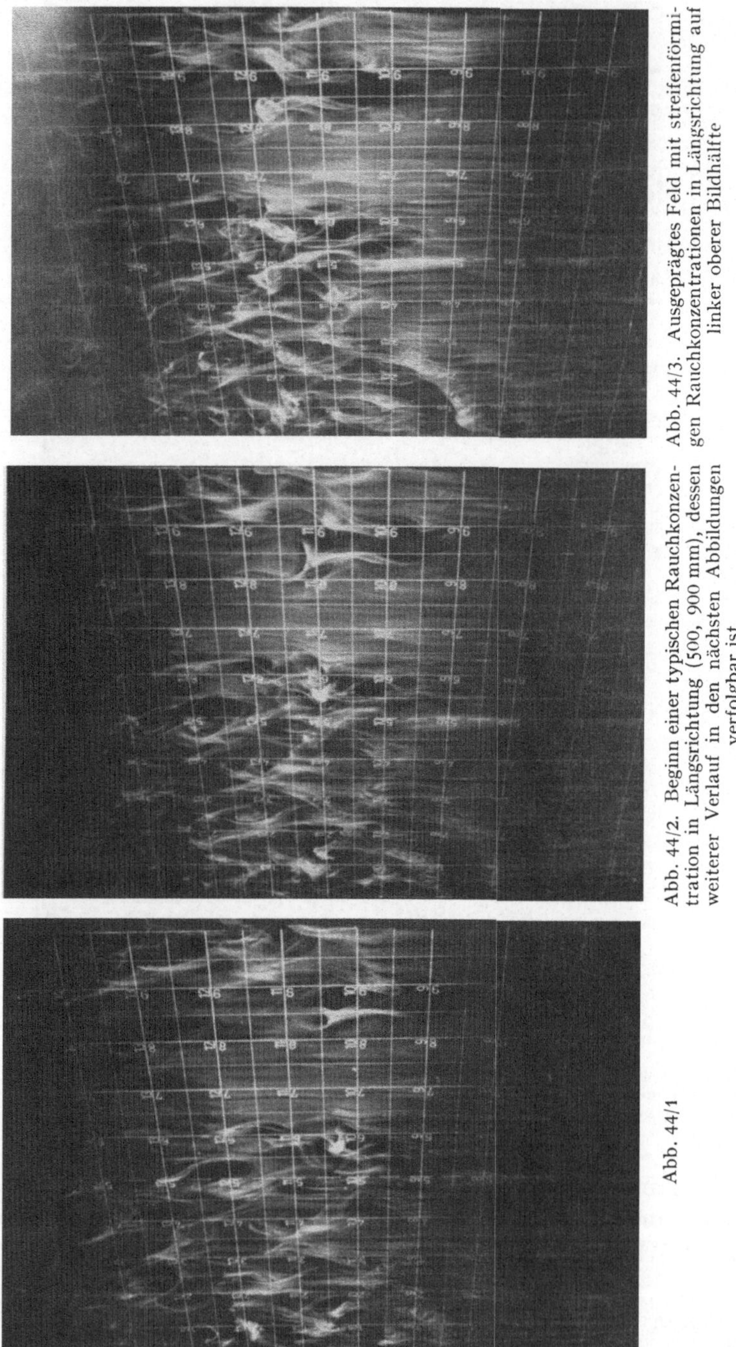

Abb. 44/3. Ausgeprägtes Feld mit streifenförmigen Rauchkonzentrationen in Längsrichtung auf linker oberer Bildhälfte

Abb. 44/2. Beginn einer typischen Rauchkonzentration in Längsrichtung (500, 900 mm), dessen weiterer Verlauf in den nächsten Abbildungen verfolgbar ist

Abb. 44/1

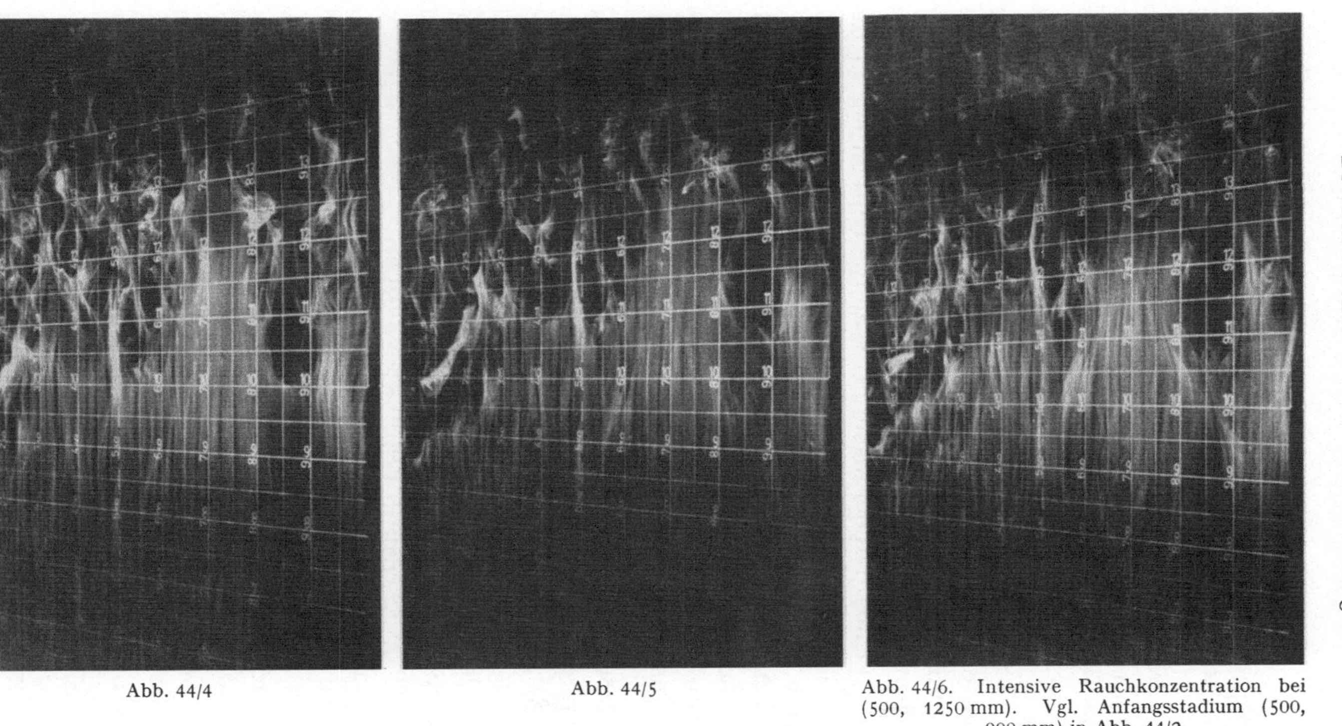

Abb. 44/4

Abb. 44/5

Abb. 44/6. Intensive Rauchkonzentration bei (500, 1250 mm). Vgl. Anfangsstadium (500, 900 mm) in Abb. 44/2

Abb. 44/1—6. Serienaufnahme des Umschlaggebietes (Bildfolge ≈4 Bild./sek). Visualisation mit Rauchfäden aus dem Rauchkamm. Raucheinfuhr etwas weiter von der Platte entfernt. Der ständig veränderliche Charakter des natürlichen Umschlags ist auch hier ersichtlich, es treten stellenweise auch ruhige Zonen auf. Auf markante Strömungsformen wird kurz hingewiesen, ihre Lage wird mit (z, x) angegeben

3.2. Temperaturmessungen

Im folgenden werden die Resultate der in begrenztem Umfang durchgeführten Temperaturmessungen zusammengefaßt.

3.2.1. Temperaturverteilung auf der Plattenoberfläche. Außer etwas größeren Abweichungen in der Nähe der Plattenvorderkante waren die Temperaturabweichungen kleiner als $\pm 0{,}2°$ C bei einer Plattenaufheiztemperatur von $12°$ C.

3.2.2. Temperaturverteilung in der Grenzschicht-Grundströmung. Messungen des Temperaturprofils quer zur Wand der noch ungestörten Grundströmung waren in guter Übereinstimmung mit den theoretischen Werten von OSTRACH [65].

Obwohl kleinere Änderungen in Spannweitenrichtung in der Größenordnung von 0,2 % der Plattenaufheiztemperatur vorkamen, konnte eine in Spannweitenrichtung periodische Temperaturverteilung innerhalb der Meßgenauigkeit nicht eindeutig festgestellt werden[1]. Dies steht im Gegensatz zu den Versuchen im Windkanal [17], in dem eine leichte spannweitige Welligkeit der Geschwindigkeitsverteilung eine inhärente Eigenschaft der Grenzschicht war.

3.2.3. Störungstemperaturen bei erzwungenen zweidimensionalen Pulsdraht-Störungen. Messungen der Störungstemperaturen der Tollmien-Schlichting-artigen Wellen konnten nur mit geringer Genauigkeit durchgeführt werden. In Abb. 53 ist die gemessene Verteilung der Störungstemperatur wiedergegeben. Die Pulsintensität war bei den Störungstemperaturmessungen absichtlich größer wegen der sonst zu kleinen Störungsamplitude.

Oszillogramme der Störungstemperaturen wurden auch bei der Bestimmung der optimalen Pulsdrahtlage und -frequenz benutzt. Einige typische Oszillogramme der Störungstemperaturen in zwei verschiedenen Meßpunkten und bei verschiedenen Störungsfrequenzen sind in Abb. 45/1—5 reproduziert.

In Abb. 45/1 ist bei einer Pulsdrahtfrequenz von 1,65 Hz der Verlauf der Störungstemperatur im oberen Meßpunkt noch annähernd sinusförmig[2].

---

[1] Beim langsamen Durchfahren der Hitzdrahtsonde in Spannweitenrichtung und im gleichen Plattenabstand.

[2] Der größte Teil der späteren Hitzdrahtmessungen der Störungsgeschwindigkeiten wurde bei $x = 840$ mm durchgeführt, wo die sinusförmige Ausbildung der Störungstemperaturen noch reiner war.

In Abb. 45/2—4 war die Pulsdrahtfrequenz auf $\approx 0{,}9$ Hz verkleinert. Es trat die schon früher erwähnte Frequenzverdoppelung
ein: ein Einschieben einer schwächeren, oft unsymmetrischen und
verzerrten Temperaturschwingung, die auf das Auftreten einer
schwächeren Oberschwingung der Tollmien-Schlichting-artigen Störungen deutet.

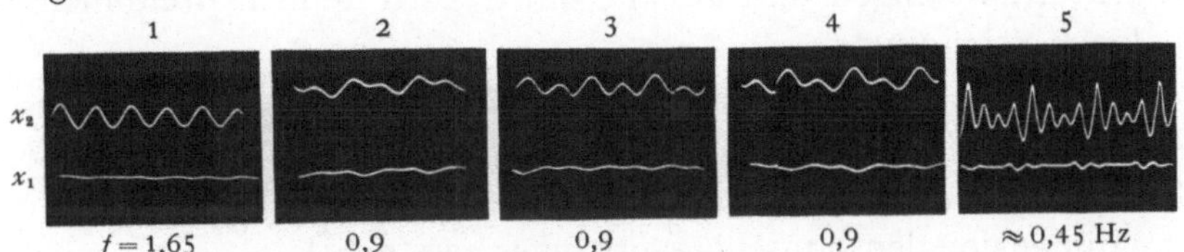

Abb. 45/1—5. Oszillogramme der Temperaturstörungen, gleichzeitig in zwei verschiedenen
Punkten bei verschiedenen Pulsdrahtfrequenzen aufgenommen. Zeitachse hier sowie in
allen weiteren Oszillogrammen von links nach rechts gerichtet. Unterer Strahl: $x_1 = 750$ mm;
$y_1 = 15$ mm; $z_1 = 600$ mm. Oberer Strahl: $x_2 = 1200$ mm; $y_2 = 15$ mm; $z_2 = 450$ mm

In Abb. 45/5 ist die Grenzschicht außerstande, mit den noch
langsameren Störungsimpulsen von $\approx 0{,}45$ Hz mitzuschwingen, es
bilden sich gedämpfte Störungswellenzüge mit größerer Frequenz[1].
Das Auftreten einer bevorzugten Pulsdrahtfrequenz, welche die am
regelmäßigsten angefachten Störungen erzeugte, wurde auch durch
Hitzdrahtmessungen bestätigt.

Bei den durchgeführten Hitzdrahtmessungen der Verteilung der
Störungsgeschwindigkeiten war es zweckmäßig und natürlich, das
Auftreten von höheren harmonischen Schwingungen der Störungsgeschwindigkeiten zu vermeiden, um die dreidimensionalen Vorgänge nicht weiter zu komplizieren. Es wurde daher die Störungsfrequenz von 1,65 Hz benutzt.

3.2.4. Temperaturmessungen bei natürlichem Umschlag. Durch
die im Vergleich zu der Interferometermethode wesentlich gerin-
gere Empfindlichkeit der zur Verfügung stehenden Instrumentation
konnten bei der in [1] angegebenen kritischen Grashofschen Zahl
noch keine Störungstemperaturen nachgewiesen werden. Sie wurden erst im weiteren Umschlaggebiet meßbar.

3.3. Hitzdrahtmessungen

Die Probleme der Hitzdrahtmessungen bei freier Konvektion
wurden eingehend in 1.6, 1.7 und 1.8 diskutiert. Die vorliegenden

---

[1] Vgl. auch Abb. 47/IV/1, wo ein Störungswellenzug aus einem Einzelpuls entstanden ist. Die dabei auftretende Eigenfrequenz liegt bei ungefähr
1,6 Hz.

Messungen bestätigen die Anwendbarkeit der Hitzdrahtmethode für die Bestimmung der Störungsgeschwindigkeiten bei freier Konvektion.

Sie erstrecken sich hauptsächlich auf die Untersuchung der Bildung und Anfachung Tollmien-Schlichting-artiger Wellen bei Pulsdrahtstörungen und auf die dabei auftretenden dreidimensionalen Erscheinungen.

Als eine einschneidende meßtechnische Begrenzung erwiesen sich langperiodige Geschwindigkeitsschwankungen und ein seitliches Pendeln der Längswirbelstraßen, was die Periodizität des dreidimensionalen Umschlagvorganges zerstörte[1].

Bei den Hitzdrahtmessungen wurde die Platte auf eine Übertemperatur von $\approx 12°$ C aufgeheizt. Der Umschlag erstreckte sich dadurch auf einen größeren Bereich und verlief nicht so rasch wie bei höheren Temperaturen.

3.3.1. Bildung erzwungener Tollmien-Schlichting-artiger Wellen aus Pulsdraht-Störungen. Die u-Störungsgeschwindigkeiten wurden in verschiedenem Abstand x von der Plattenvorderkante für verschiedene Lagen des Pulsdrahtes gemessen.

Auf Abb. 46 ist ein Oszillogramm des Pulsdrahtstromes und der Pulsdrahtspannung wiedergegeben[2].

Auf Abb. 47/I—IV/1—9 sind die sich aus Einzelimpulsen und Impulsserien entwickelnden Tollmien-Schlichting-artigen Störungen wiedergegeben. Die Störungsimpulse wurden zur Kontrolle und zur Ermittlung des Phasenverschubes mitregistriert.

Aus den Oszillogrammen ist ersichtlich:

1. Schon nach einer äußerst kurzen Laufstrecke, die zwei Grenzschichtdicken entspricht, entwickeln sich sinusförmige Schwankungen der u-Störungsgeschwindigkeit (Abb. 47/I/3—9).

2. Das gleichzeitige Auftreten von langperiodigen Schwankungen der Geschwindigkeit der Grundströmung ist in Abb. 47/I/3—9 erkennbar[3]. Diese Schwankungen werden später noch ausgeprägter (Abb. 47/II/1—7, 47/IV/3—7), sie treten auch ohne erzwungene

---

[1] Vgl. S. 27.

[2] Vgl. S. 30, 31.

[3] Die Hitzdrahtmessungen wurden mit Gleichstromverstärkern durchgeführt, mit verschobenem Nullpunkt, der weit unterhalb des Bildes liegen würde (vgl. S. 26). Die Robot-Aufnahmen der Oszillogramme folgten unmittelbar nacheinander.

Pulsdrahtstörungen[1] auf (Abb. 47/II/7—9, 47/IV/8—9) und sind daher auf die Grundströmung zurückzuführen.

3. Die ständige Anfachung der Störungen ist aus dem Wachsen der Amplituden erkennbar. In den Abb. 47/IV—V wurde die Pulsintensität verkleinert, da die Turbulenz sonst schon eingetreten wäre. Der u-Maßstab mußte zusätzlich um den Faktor 5 bzw. 10 reduziert werden, um die Störung noch innerhalb des Bildes zu behalten.

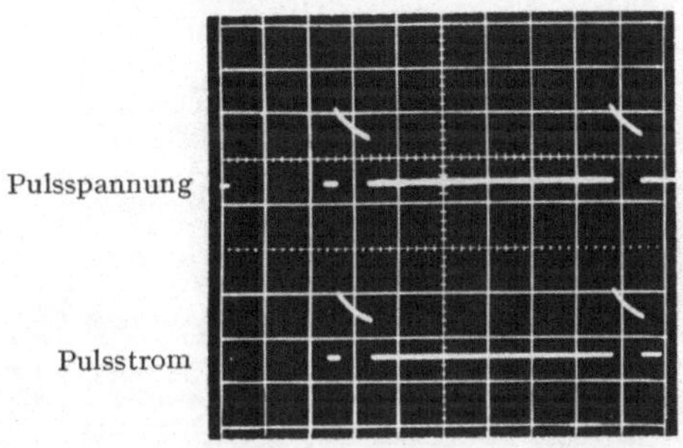

Abb. 46. Oszillogramm des Störungspulsstromes und der -spannung. Pulsdrahtfrequenz 1,65 Hz. Zeitbasis 0,1 sec/Rasterteilung

4. Ohne Pulsdrahtstörungen ist bis $x \leq 1300$ mm innerhalb der Meßempfindlichkeit außer der unter 2. erwähnten langperiodigen Schwankungen keine Ausbildung von oszillierenden Störungsgeschwindigkeiten zu bemerken (Abb. 47/II/8—9, 47/IV/8—9). Erst bei $x = 1500$ mm (Abb. 47/V/2) deutet eine leichte Welligkeit (vor dem ausgebildeten Wellenzug) auf das intermittierende Auftreten von natürlichen Störungswellen hin.

5. Trotz konstanter Pulsintensität ist die Amplitude der angefachten Störungen zeitlich veränderlich (Abb. 47/II/1—6 und, noch ausgeprägter, Abb. 47/IV/4—7).

6. Es wurde der Vollständigkeit halber auch der Störungsverlauf nach einem Einzelpuls oder einer kurzen Impulsserie verfolgt (z. B. Abb. 47/I/1, 47/III/1, 47/IV/1, 47/V/1). Es bilden sich dabei Störungswellenzüge[2].

---

[1] Der Pulsdraht war dabei ausgeschaltet, der Pulserzeuger aber lief weiter und erzeugte durch induktive Kopplung im Oszillogramm scharfe, nach unten verlaufende Zacken (vgl. S. 27).

[2] Vgl. den von CRIMINALE u. KOVASZNAY [25], [26] theoretisch behandelten allgemeinen Fall der dreidimensionalen Entwicklung Tollmien-Schlichting-artiger Störungswellenzüge aus einer „spot"-artigen Anfangsstörung.

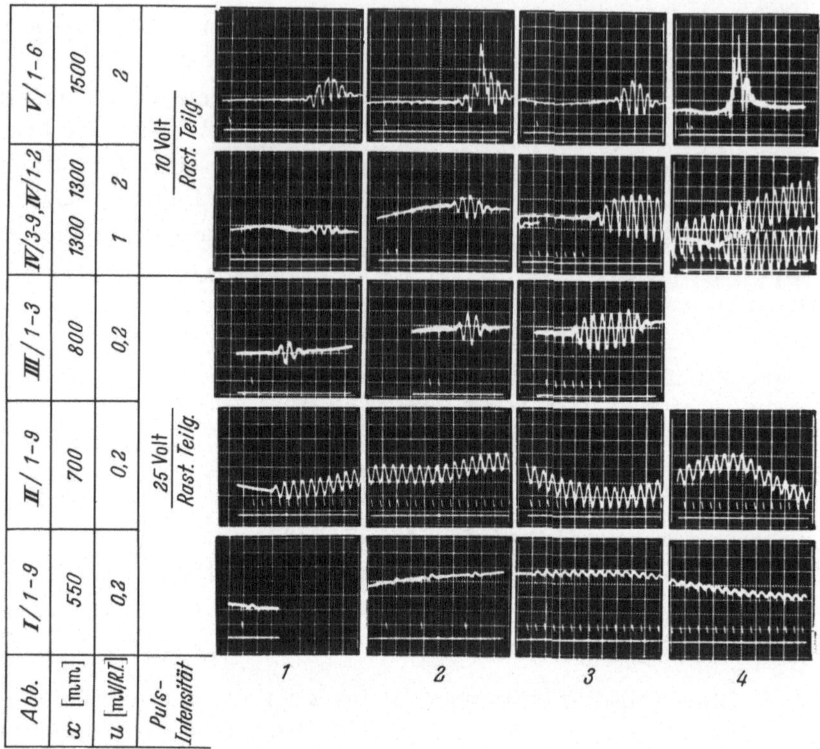

Abb. 47/I—V/1—9. Entwicklung von zweidimensionalen Tollmien-Schlichting-artigen Störungen aus einzelnen Pulsdrahtstörungs-Impulsen und -Impulsserien. — Pulsdrahtlage $x=490$ mm, $y=10,5$ mm. Pulsdrahtfrequenz 1,65 Hz (außer Einzelbild I/2), Pulsdraht-Re-Zahl 531. Zeitbasis 1 sec/Rasterteilung (Bilder V/4—6: 2 sec/Rasterteilung). Der untere Strahl registriert die Pulse. Der obere Strahl registriert die u-Störungsgeschwindigkeit in verschiedenem Abstand x von der Plattenvorderkante. Der Plattenabstand der

3.3.2. Hitzdrahtmessungen der Störungsgeschwindigkeiten bei zweidimensionalen erzwungenen Pulsdraht-Störungen.

Bei der Wahl der Lage des Pulsdrahtes und der Meßpunkte waren folgende Überlegungen maßgebend:

Der Pulsdraht sollte in einem Abstand von der Plattenvorderkante gespannt werden, der einer kleineren Grashofschen Zahl als der in [1] für natürliche Störungen experimentell als kritisch ermittelten entsprach[3], damit in der weiteren Entwicklung die erzwungenen Störungen nicht von den natürlichen überlagert würden.

---

[3] Zur Zeit der Durchführung der Hitzdrahtversuche waren die theoretischen Ergebnisse von KURTZ und CRANDALL [12] noch nicht publiziert. Die numerischen Resultate von PLAPP [10] entsprachen nicht der Wirklichkeit. Als Hinweise des Instabilitätsbeginnes wurden die interferometrischen Untersuchungen von ECKERT, SOEHNGEN und SCHNEIDER [1] benutzt, da die

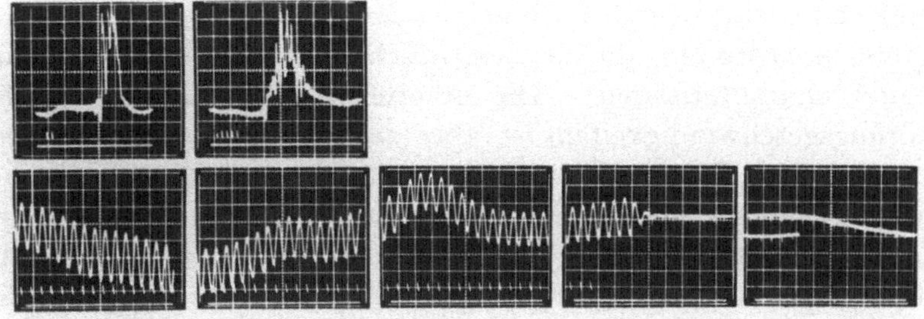

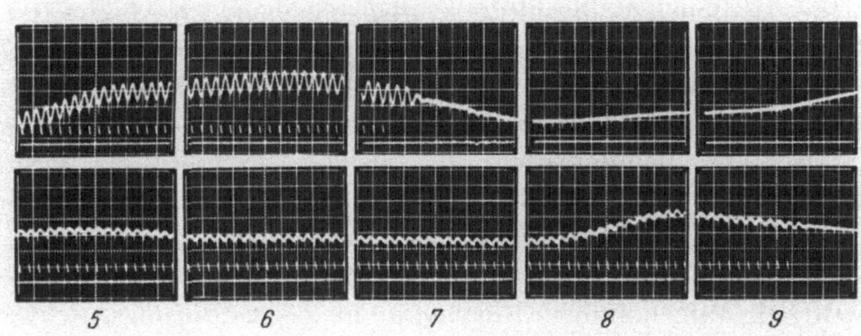

Hitzdrahtsonde ist konstant $y_1 = 30$ mm. Aus den Oszillogrammen ist die Störungsausbreitungsgeschwindigkeit (als Phasenverschub) und Störungsverbreiterung eines Einzelpulses mit Auftreten von Störungswellenzügen ersichtlich. Zu beachten ist das Auftreten langperiodiger Geschwindigkeitsschwankungen. — Die Einzelabbildungen wurden mit einer Robot-Kamera gemacht (bei IV/3, 4 und 9 traten teilweise Überlappungen auf)

Die ersten systematischen Hitzdrahtmessungen der Störungsgeschwindigkeiten in y-z-Ebenen sollten bei leichter Anfachung im Anfang des Umschlaggebietes durchgeführt werden. Nach orientierenden Hitzdrahtmessungen in verschiedenen Ebenen wurde für die vorliegende Meßserie der Abstand von 840 mm von der Vorderkante gewählt, bei dem für die benutzte Plattenaufheiztemperatur und Pulsdrahtlage die Störungsgeschwindigkeiten noch weitgehend sinusförmig geblieben sind[4]. Die Grashofsche Zahl ist noch

höhere Empfindlichkeit der interferometrischen Methode eine frühere Feststellung des Auftretens von Instabilitätswellen gestattete als die in der vorliegenden Arbeit benutzte Hitzdrahtmethode.

[4] Es entstanden Abweichungen in den äußeren Grenzschichtzonen, wo die Störungsgeschwindigkeiten schon die Größenordnung der Grenzschicht-Grundströmung hatten und die Voraussetzungen der linearisierten Störungstheorie nicht mehr erfüllt sind. Außerdem trat bei den kleinsten Geschwindigkeiten auch die nichtlineare Kennlinie des Hitzdrahtes stärker zum Vorschein.

genügend klein, so daß noch keine scharfen Zacken in den Oszillogrammen auftreten, die den eigentlichen turbulenten Umschlagbeginn charakterisieren[1]. Die dreidimensionale Ausbildung der Störungsgeschwindigkeiten ist aber schon voll vorhanden. Der Abstand vom Pulsdraht ist dabei mehr als ausreichend, um den Ausgleichsvorgang der Pulsstörungen in sinusförmige Störungen zu vollenden. Die Intensität der Störimpulse ist meistens so gewählt worden, daß das Maximum der u-Störungsgeschwindigkeit 2 % der maximalen Geschwindigkeit in der Grenzschicht nicht überschreitet, um noch weitgehend die Ergebnisse der linearen Störungstheorie mit den Messungen vergleichen zu können.

Die erhaltenen Meßresultate werden eingehend im Abschnitt 4.1 diskutiert und mit den Resultaten von Kurtz und Crandall [12] verglichen (Abb. 53). In diesem Abschnitt soll noch an Hand der folgenden drei typischen Serien von Oszillogrammen der u- und w-Störungsgeschwindigkeiten[2], die für ein veränderliches y und konstantes $z=80$ mm und $x=840$ mm durchgeführt worden sind, auf das Wesentliche hingewiesen werden:

In Abb. 48 sind in kurz aufeinanderfolgenden Zeitabständen gleichzeitig aufgenommene Oszillogramme der u-Störungsgeschwindigkeiten einer unbeweglichen Referenzsonde und einer in y-Richtung beweglichen Sonde zusammengestellt worden. Es wird hier insbesondere auf das Folgende hingewiesen:

1. Die auf Abb. 47 konstatierten Schwankungen der u-Amplituden treten auch hier auf. Sie sind in den äußeren Grenzschichtzonen nicht so ausgeprägt (Abb. 48/VII/1—5), sind aber in Wandnähe beträchtlich (Abb. 48/I/1—5).

2. Das Schwanken der mittleren Geschwindigkeit[3] in der Grenzschichtgrundströmung tritt gleichfalls auf (Abb. 48/II/2—3, 48/V/ 2—3, 48/VI/2—3, 48/VII/4—5).

---

[1] Vgl. das Auftreten von „spikes" bei den Oszillogrammen in [17].

[2] Es muß natürlich immer vor Augen gehalten werden, daß die Ordinaten der Oszillogramme den in der Diagonale der Hitzdrahtmeßbrücke (Abb. 11) entstehenden Spannungsänderungen entsprechen. Bei den auftretenden kleinen Störungsamplituden ist die Störungsgeschwindigkeit praktisch der Spannungsänderung proportional. Allerdings ändert sich, in Abhängigkeit der Geschwindigkeit der Grundströmung, die Empfindlichkeit der Störungsgeschwindigkeitsanzeige in kleineren Grenzen, insbesondere bei $U \approx 0$, wie aus der nichtlinearen Hitzdrahtkennlinie ersichtlich (Abb. 10). Die direkt vom Kathodenstrahl-Oszillographen photographierten Oszillogramme sind nicht in bezug auf die Störungstemperaturen korrigiert (vgl. S. 25).

[3] Durch Verschiebung der Null-Linie der Störungswellen ersichtlich, vgl. Randbemerkung 5, S. 26.

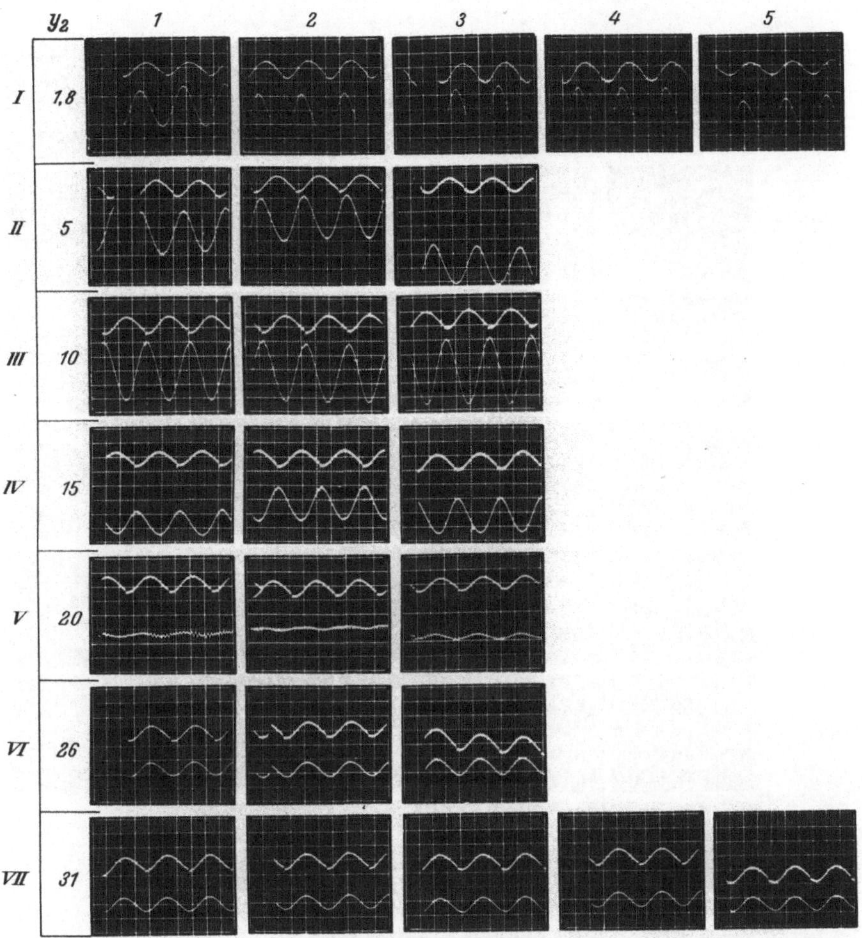

Abb. 48/I—VII/1—5. Oszillogramme von u-Störungsgeschwindigkeiten für $x=840$ mm, $z=80$ mm, $Re=809$. Oberer Strahl: unbewegliche u-Referenzsonde im Wandabstand $y_1=31$ mm=const.; unterer Strahl: bewegliche u-Sonde mit veränderlichem Wandabstand y_2. Pulsdrahtfrequenz 1,65 Hz. Empfindlichkeit 200 µV/Rasterteilung. Zeitbasis 0,2 sec/Rasterteilung

3. Es besteht eine Zone, in der die u-Störungsgeschwindigkeit sehr kleine Werte, fast gleich Null, annimmt, um später wieder zu wachsen (vgl. Abb. 53).

4. Die u-Störungsgeschwindigkeiten in verschiedenen Höhenlagen sind phasenverschoben. Es tritt eine ziemlich plötzliche Phasenverschiebung von 180° bei $y \approx 20$ mm auf sowie eine weitere, allmählichere in Wandnähe (vgl. Abb. 53).

Abb. 49 stellt dagegen eine Zusammenstellung von Oszillogrammen der im gleichen Punkt für verschiedene Wandabstände

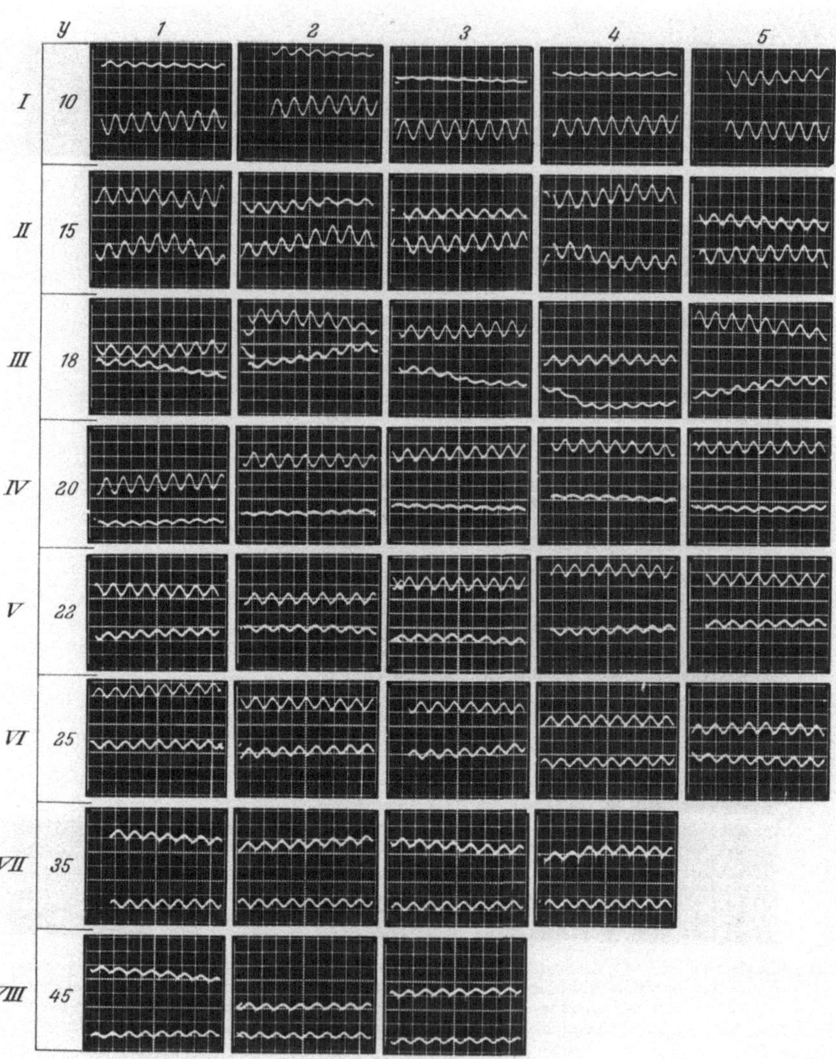

Abb. 49/I—VIII/1—5. Oszillogramme von *u*- und *w*-Störungsgeschwindigkeiten in verschiedenem Wandabstand *y*, mit V-Hitzdrahtsonde gleichzeitig im gleichen Punkt aufgenommen. *w* oberer Strahl; *u* unterer Strahl; $Re = 809$, $x = 840$ mm, $z = 80$ mm. Pulsdrahtfrequenz 1,65 Hz. Empfindlichkeit 200 μV/Rasterteilung, Zeitbasis 0,5 sec/Rasterteilung

simultan registrierten *u*- und *w*-Störungsgeschwindigkeiten dar. Die Störungsintensität war diesmal absichtlich kleiner. Das oben bei Abb. 48 besprochene Verhalten der *u*-Störungsgeschwindigkeit tritt auch hier auf, zusätzlich kann für die mit dem oberen Kathodenstrahl registrierte *w*-Störungsgeschwindigkeit folgendes gesagt werden:

1. Die w-Störungsgeschwindigkeit bewegt sich in der Größenordnung der u-Störungsgeschwindigkeit. Die Störung ist trotz der sehr schwachen erzwungenen Störimpulse schon vollständig dreidimensional. Dies entspricht dem bei visuellen Rauchfadenuntersuchungen auftretenden Schlängeln (Abb. 37 und 38).

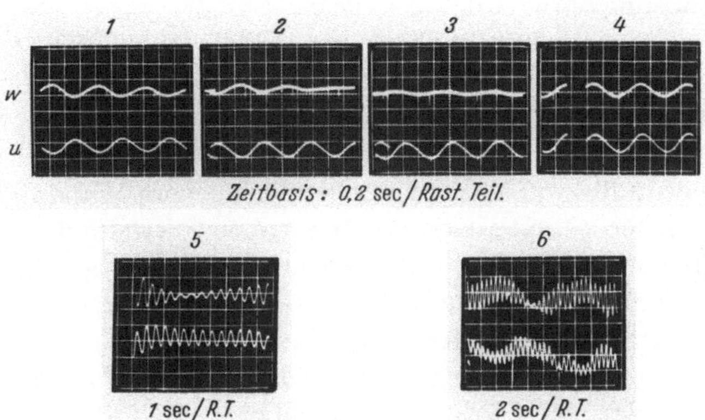

Abb. 50/1—6. Pendeln der Längswirbelstraßen in Spannweitenrichtung. Oszillogramm der u- und w-Störungsgeschwindigkeiten zugleich mit V-Hitzdrahtsonde in 15 mm Wandabstand registriert. Empfindlichkeit 0,5 mV/Rasterteilung, $x = 840$ mm, $z = 80$ mm, $Re = 809$

2. Es treten auch Schwankungen der w-Amplituden auf. In den äußeren Grenzschichtzonen sind sie relativ kleiner. In den inneren dagegen treten stärkere Schwankungen und auch Nulldurchgänge auf, stellenweise mit einem Phasensprung von 180°. Dieses Verhalten ist auf Abb. 50/1—6 gut ersichtlich. Es deutet auf ein Pendeln der Längswirbelstraßen in Spannweitenrichtung. Bei den obigen Serienaufnahmen befand sich die Hitzdrahtsonde zuerst in einer Längswirbelstraße, die sich langsam in Spannweitenrichtung verschob, so daß die Hitzdrahtsonde in das w-komponentenfreie Gebiet zwischen zwei Wirbelstraßen geriet, um später von der entgegengesetzt drehenden Wirbelstraße erfaßt zu werden.

In Abb. 50/5—6 sind dieser Nulldurchgang und das Pendeln mit langsamer Zeitbasis aufgenommen, bei Abb. 50/6 sind außerdem noch die langperiodigen Geschwindigkeits-Schwankungen in der Grenzschichtgrundströmung sichtbar.

3. Die Phasensprünge und -verschiebungen φ_u und φ_w traten in den äußeren Grenzschichtzonen nicht auf. Dort führte die ganze Grenzschicht in ganzer Plattenweite eine schlängelnde Bewegung praktisch in gleicher Phase durch (vgl. auch Abb. 53).

Die Bestimmung der y-Verteilung der u-, v- und w-Störungsgeschwindigkeiten wurde in ähnlicher Weise für weitere, eng aufeinanderfolgende z-Werte wiederholt. Die Oszillogramme hatten alle einen ähnlichen Verlauf: in der wandnahen Zone traten immer nach einiger Zeit Nulldurchgänge und Phasenumkehr der w-Störungsgeschwindigkeiten auf.

Es konnten in den wandnahen Grenzschichtzonen keine Stellen in Spannweitenrichtung lokalisiert werden, wo die w-Störungsgeschwindigkeit ständig die gleiche Phase beibehielt oder annähernd Null blieb.

Messungen mit zwei V-Sonden in verschiedenem Wandabstand, aber mit gleicher x- und z-Koordinate ergaben zeitweise das gleichzeitige Auftreten von w-Störungsgeschwindigkeiten entgegengesetzter Richtung in übereinanderliegenden Grenzschichtzonen; nach einiger Zeit trat eine gleichzeitige Phasenumkehr auf. Dies bestätigte wieder, daß es sich um ein Pendeln in Spannweitenrichtung von längswirbelartigen Störungen handelt.

Die oben beschriebenen Hitzdrahtmessungen mit zweidimensionalen Störungserzeugern wurden mit verschiedenen Arten von zusätzlichen dreidimensionalen Störungserzeugern wiederholt (vgl. S. 31, 32). Eine einwandfreie Stabilisierung der Längswirbelstraßen konnte aber noch nicht erreicht werden.

3.3.3. Hitzdrahtmessungen bei natürlichem Umschlag. Hitzdrahtmessungen bei natürlichem Umschlag wurden, ähnlich wie die Messungen der Störungstemperaturen, nur im begrenzten Umfang durchgeführt, da die gleichzeitige Registrierung der Störungsgeschwindigkeiten in zwei Punkten nur beschränkte Informationen liefert.

Die Messungen ergaben:

1. Natürliche Störungswellen sind bei Hitzdrahtmessungen erst erheblich später zu erkennen als bei Interferometerbeobachtungen[1].

2. Die natürliche Wellenbildung ist schon im Anfangsstadium dreidimensional: bei gleichzeitiger Messung mit zwei in Spannweitenrichtung verschobenen Hitzdrahtsonden treten schon bei z-Differenzen von 1—2 Grenzschichtdicken markante Änderungen in den Formen der Oszillogramme auf, bei größeren z-Abständen stehen oft ungestörte Grenzschichtzonen neben wellenförmig gestörten.

---

[1] Vgl. Randbemerkung 3, S. 80.

3. Es traten zwei Typen von Störungen auf, ähnlich wie bei erzwungenen Pulsdrahtstörungen:

Die kurzperiodigen Störungen ($T=0,5-1,6$ sec) entsprachen in Form und Frequenz den am regelmäßigsten und stärksten angefachten erzwungenen Störungen (S. 77).

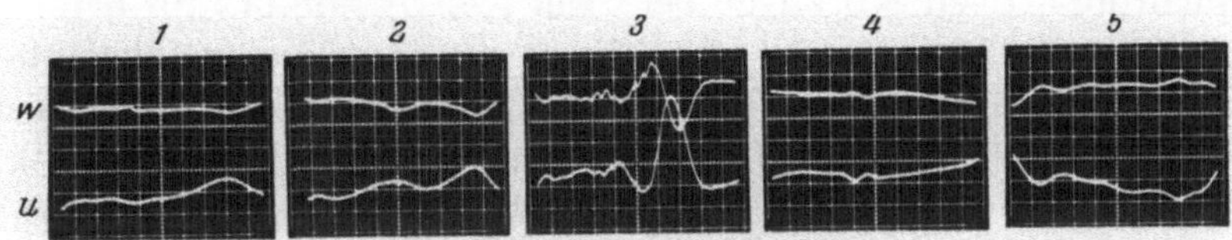

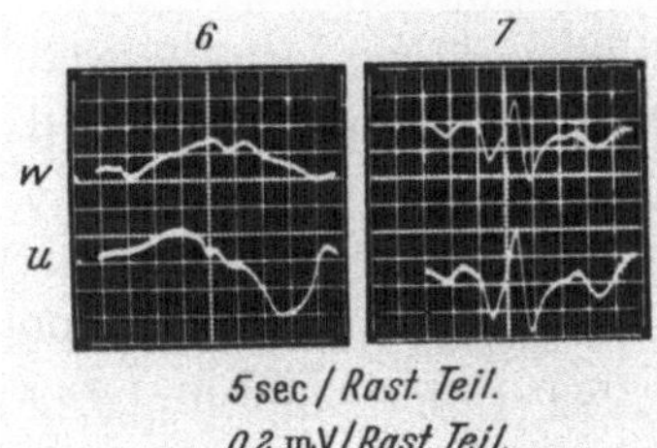

Abb. 51/1—7. Langperiodige Schwankungen der Grundströmung beim natürlichen Umschlag. Oszillogramme der u- und w-Geschwindigkeiten in 15 mm Wandabstand gleichzeitig mit V-Hitzdrahtsonde aufgenommen. $x=840$ mm, $z=80$ mm, $\Delta T=18°$ C

Die langperiodigen Schwankungen ($T \geqq 6$ sec) haben keine regelmäßigen Perioden (Abb. 51/1—7, 47/II/7—9). Sie sind zeitweise von kurzperiodigen überlagert (Abb. 51/3, 51/7). Gleichzeitig durchgeführte u- und w-Messungen im gleichen Punkt (Abb. 51/1—7) und in verschiedenen seitlich verschobenen Punkten weisen auf die dreidimensionale Ausbildung der langperiodigen Schwankungen hin.

4. Es traten recht selten sehr intensive Einzelstörungen auf (bei visuellen Untersuchungen mit der Schattenmethode im Wassertank waren ähnliche zu erkennen).

4.0. Diskussion der erhaltenen Ergebnisse und Vergleich mit zur Zeit bestehenden theoretischen Arbeiten

In diesem Kapitel werden die wichtigsten Ergebnisse der Versuche an einer Platte in Wasser und in Luft diskutiert.

Im Abschnitt 4.1 werden die durchgeführten Hitzdrahtmessungen bei der Platte in Luft mit den numerischen Ergebnissen von

Kurtz und Crandall [12] verglichen, insbesondere die Störungsgeschwindigkeiten der auftretenden Tollmien-Schlichting-artigen Wellen und der Instabilitätsbeginn. Wie in der Einleitung schon erwähnt, stellt [12] die zur Zeit einzige theoretische Arbeit dar, die zum direkten Vergleich der experimentell beobachteten Tollmien-Schlichting-artigen Störungen bei freier Konvektion in Luft herangezogen werden kann. Die ähnliche Form des Geschwindigkeitsprofils in Wasser gestattet aber auch eine gewisse Übertragung bei der Deutung der Visualisationsbilder der Versuche im Wassertank.

Bei den in Abschnitt 4.2 beschriebenen dreidimensionalen Instabilitätserscheinungen und Längswirbelbildung ist man dagegen nur auf die Versuche angewiesen und auf eine nur mit Vorsicht anwendbare Analogie mit den zum Teil ähnlichen Grenzschicht-Instabilitätserscheinungen bei einer Blasiusschen Plattenströmung.

Die dabei auftretenden Unterschiede werden in Abschnitt 4.3 kurz beschrieben.

Weitere noch offene Fragen und mögliche Verbesserungen der Versuchstechnik, die vor Beginn der vorliegenden Untersuchungen noch nicht zu überblicken waren, sind in 4.4 erörtert worden.

4.1. Tollmien-Schlichting-artige Störungen.
Vergleich mit den numerischen Resultaten von Kurtz und Crandall

Die numerischen Resultate von Kurtz und Crandall [12], die durch Lösung der Orr-Sommerfeldschen Gleichung für das Geschwindigkeitsprofil der freien Konvektion längs einer vertikalen Platte in Luft mit Hilfe eines Differenzverfahrens erhalten wurden, standen erst nach Beendigung der vorliegenden Hitzdrahtversuche zur Verfügung.

In Abb. 52 sind im Stabilitätsdiagramm von Kurtz und Crandall ([12], Abb. 8) die Punkte eingetragen, die dem natürlichen Instabilitätsbeginn nach den Interferenzversuchen von Eckert, Soehngen und Schneider [1], den eigenen Hitzdrahtversuchen mit erzwungenen Pulsdrahtstörungen, der Lage des benutzten Pulsdrahtes und den von Kurtz und Crandall vertafelten Eigenfunktionen entsprechen.

Aus dem Stabilitätsdiagramm ist ersichtlich:

1. Der natürliche Instabilitätsbeginn nach den Interferenzversuchen von Eckert, Soehngen und Schneider befindet sich innerhalb des instabilen Bereiches, im Gegensatz zu den numerischen

Ergebnissen von PLAPP [10]. Das Auftreten natürlicher Instabilitätswellen ist bei der weniger empfindlichen Hitzdrahtmethode und bei der vorliegenden Hitzdrahtapparatur erst bei Re-Zahlen von ≈ 1200 zu bemerken.

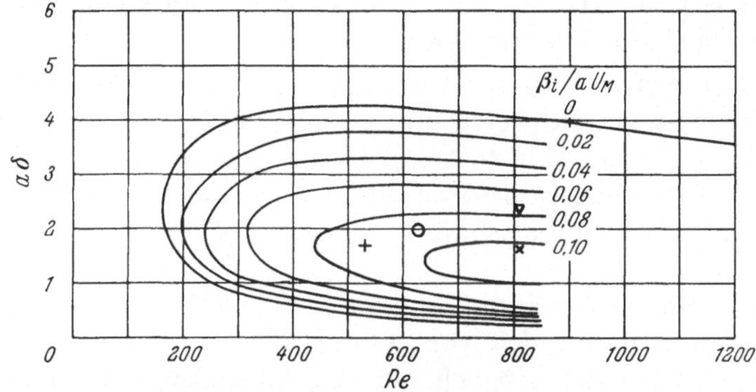

Abb. 52. Stabilitätsdiagramm für Tollmien-Schlichting-artige zweidimensionale Störungen für freie Konvektion in Luft [12]. o Instabilitätsbeginn nach Interferenzversuchen von ECKERT, SOEHNGEN und SCHNEIDER [1]; × eigene Hitzdrahtversuche mit erzwungenen Pulsdrahtstörungen, für die die Störungsgeschwindigkeiten und -temperaturen gemessen wurden (Abb. 53): $Re=809$, $\alpha\delta\approx1,69$; + benutzter Pulsdraht: $Re=531$, $\alpha\delta\approx1,70$, $x=490$ mm, $y=10,5$ mm, $f=1,65$ Hz; ∇ von KURTZ und CRANDALL [12] vertafelte Eigenfunktionen (für $\alpha\delta=2,28$, $Re=802$), die im Stabilitätsdiagramm am nahesten an den eigenen Hitzdrahtmessungen liegen; $\alpha=\dfrac{2\pi}{\lambda}$ Wellenzahl; λ Wellenlänge; U_M maximale Geschwindigkeit des Grenzschichtprofils; δ Grenzschichtdicke, wo die Geschwindigkeit 1% von U_M beträgt; Re Reynoldssche Zahl, mit U_M und δ gebildet; β_i Anfachungsgröße

2. Die Punkte im Stabilitätsdiagramm, die dem natürlichen Instabilitätsbeginn nach [1], der vorliegenden Hitzdrahtmeßserie und der Lage des Pulsdrahtes entsprechen, liegen alle in der Zone der stärksten Anfachung.

3. Aus Oszillogrammen für die Störungsgeschwindigkeiten in verschiedenen Abständen vom Pulsdraht konnte für den Punkt (×) die Anfachungszahl $\beta_i/\alpha U_M = 0,12\pm0,2$ bestimmt werden, die in guter Übereinstimmung mit dem Werte $\approx 0,105$ aus dem Diagramm ist (Schwankungen in den Amplituden der angefachten Störungen und in den Wellenzahlen bedingten die angegebenen Streuungen).

4. Die Empfindlichkeit der bestehenden Meßapparatur reichte nicht aus, um die neutrale Kurve zu bestimmen. Eine stärkere Intensität der Pulsdrahtstörungen mit größeren Störungsamplituden wurde nicht benutzt, um nicht durch zu intensives und lokalisiertes Hereinbringen von Impulsenergie in die Grenzschicht den natürlichen Umschlagvorgang zu verzerren und zu sehr zu beschleunigen.

5. Aus dem Instabilitätsdiagramm auf Abb. 52 und aus dem Diagramm der Phasengeschwindigkeit neutraler Störungswellen ([12], Abb. 10) ist es möglich, die größte Periodendauer von neutralen Störungen im betrachteten Umschlaggebiet abzuschätzen, sie beträgt ≈ 3 sec. Die in Abb. 47 und 51 auftretenden langperiodigen Störungen sind daher anderen Ursprungs.

6. Das Auftreten von Oberschwingungen bei langsamen Pulsdrahtfrequenzen, die beträchtlich außerhalb der Zone stärkster Anfachung liegen (Abb. 45/2—5), ist aus dem Verlauf der Kurven gleicher Anfachungszahl sowie aus der Entwicklung von Wellenzügen aus Einzelimpulsen (Abb. 47/I/1, 47/III/1, 47/V/3) zu erklären.

Auch ein qualitativer Vergleich der gemessenen Störungsgeschwindigkeiten mit den von Kurtz und Crandall vertafelten Eigenfunktionen ist möglich, da die Re-Zahlen (809 bzw. 802) praktisch übereinstimmen, während die Parameter $\alpha\delta$ noch genügend nahe sind (1,69 bzw. 2,28), um nicht ein wesentlich anderes Verhalten befürchten lassen zu müssen.

In Abb. 53 ist die Geschwindigkeits- und Temperaturverteilung der Grundströmung aufgetragen sowie ein Vergleich der Verteilung der Störungsgrößen der vorliegenden Hitzdrahtmessungen mit den theoretischen Werten[1] von Kurtz und Crandall ([12], Tafel II, Fall 3).

Aus dem Diagramm folgt:

1. Die Meßwerte liegen innerhalb einer Streuungszone, die durch das Pendeln der Längswirbelstraßen in Spannweitenrichtung und Staupunktschwankungen verursacht wird. Sie weisen aber trotzdem die charakteristische Form der theoretischen Lösung auf; insbesondere ist die höckerförmige Einbuchtung bei den u- und v-Störungsgeschwindigkeiten im Bereich von $y/\delta = 0—0,5$ zu erkennen, sowie das scharfe u-Minimum bei $y/\delta \approx 0,5$ im Bereich des Phasensprungs von φ_u. Die Phasenverschiebung von φ_u in Wandnähe stimmt ebenfalls überein.

2. Das Auftreten von w-Störungsgeschwindigkeiten gleicher Größenordnung weist auf die schon ausgesprochene Dreidimen-

---

[1] Dabei wurde die in [12] benutzte Darstellung in die für den Vergleich von Hitzdrahtmessungen geeignetere übergeführt: die zwei sinus- und cosinusförmigen Störungsglieder verschiedener Amplituden und gleicher Phase werden in eines mit veränderlicher Störungsamplitude und Phasenverschubwinkel umgeformt.

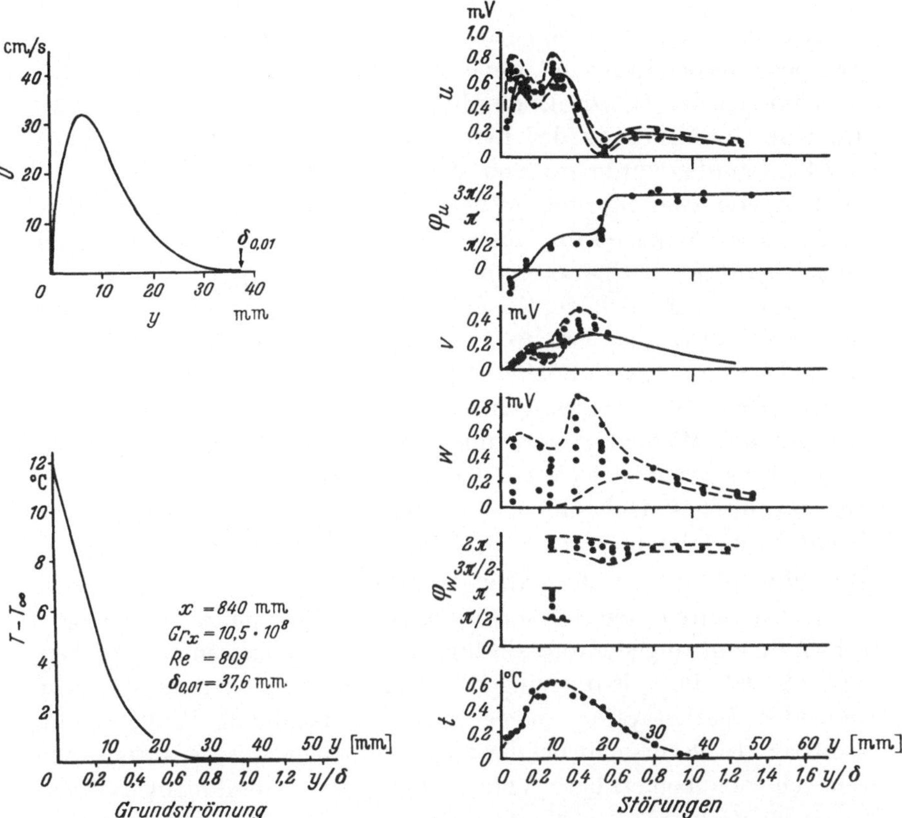

Abb. 53. Geschwindigkeits- und Temperaturverteilung der Grundströmung und der Störungsgrößen für zweidimensionale Tollmien-Schlichting-artige Störungen bei freier Konvektion in Luft mit erzwungenen Pulsdrahtstörungen. Geschwindigkeits- und Temperaturverteilung in der Grundströmung nach Ostrach [65]. Störungsgrößen: u, v, w Amplituden der Störungsgeschwindigkeiten; φ_u, φ_w Phasenverschubwinkel von u und w; · Hitzdrahtmeßpunkt (ohne Temperaturkorrektur) für $Re = 809$, $\alpha\delta \approx 1,69$, $x = 840$ mm. Benutzter Pulsdraht: $Re = 531$, $\alpha\delta \approx 1,70$, $x = 490$ mm, $y = 10,5$ mm, $f = 1,65$ Hz; - - - Streugrenze der Meßwerte, verursacht durch Pendeln der Längswirbelstraßen in Spannweitenrichtung und Staupunktschwankungen; — theoretische Werte von Kurtz und Crandall [12], für $Re = 802$, $\alpha\delta = 2,28$. (Der Zeichnungsmaßstab ist so gewählt worden, daß bei der u-Geschwindigkeitsverteilung Flächengleichheit der theoretischen und mittleren experimentellen Verteilung eintritt)

sionalität des Vorgangs hin (vgl. eine ausführliche Diskussion in Abschnitt 4.2).

3. Die v-Störungsgeschwindigkeiten sind schon von dreidimensionalen Störungskomponenten überlagert.

4. Die Störungstemperaturverteilung wurde wegen der geringen Empfindlichkeit der Meßapparatur bei stärkeren Störungsimpulsen durchgeführt (vgl. S. 76). Theoretische Vergleichswerte standen nicht zur Verfügung.

Die im Diagramm eingetragenen Meßpunkte sind noch ohne Temperaturkorrektur und ohne Korrektur der nichtlinearen Abweichungen der Hitzdrahtkennlinie (vgl. Randbemerkung 2, S. 82). Da eine Stabilisierung der Längswirbelstraßen noch nicht erzielt werden konnte, wurde größerer Wert auf die gleichzeitige Meßmöglichkeit von zwei Störungsgrößen gelegt als auf eine Temperatur- und Linearitätskorrektur, insbesondere, da die Messungen noch einen qualitativen Charakter haben (vgl. S. 24, 25).

Für den Vergleich der Visualisationsbilder wurden auf Grund der von KURTZ und CRANDALL [12] vertafelten Eigenfunktionen für den Fall $\alpha\delta = 2{,}28$ und $Re = 802$ Stromlinienbilder der Tollmien-Schlichting-artigen Störungen für den ruhenden Beobachter und für den mit Wellenfortpflanzungsgeschwindigkeit mitwandernden Beobachter gezeichnet (Abb. 54 und 55). Zur Konstruktion wurde ein graphisches Höhenlinienschnittverfahren der Stromfunktion benutzt. Aus den im gleichen y/δ-, αx- und ψ-Maßstab gezeichneten Stromlinienbildern kann folgendes geschlossen werden:

1. Die durch den höckerförmigen Verlauf der u-Störungsgeschwindigkeit angedeutete Bildung eines schwächeren wandnahen Wirbels ist im „Katzenaugen"-Stromlinienbild zu sehen. Im ruhenden Bezugssystem dagegen ist der wandnahe Wirbel nicht sichtbar. Er verursacht bei der angenommenen Störungsintensität[1] nur schwach bemerkbare Verzerrungen des Stromlinienverlaufes.

2. Zu beachten ist die Veränderung des Wandabstandes des äußeren Querwirbels in den verschiedenen Bezugssystemen.

3. Die mit Schraffierung markierten Zonen des Auftretens von längswirbelartigen Strukturen bei den Visualisationsbildern im Wassertank werden in Abschnitt 4.2 besprochen.

Zusammenfassend kann auf Grund der durchgeführten Hitzdraht- und Visualisationsversuche über Tollmien-Schlichting-artige Störungen gesagt werden, daß die vorliegenden experimentellen Resultate in qualitativem Einklang mit den Kurtz-Crandallschen numerischen Ergebnissen stehen. Bei Stabilisierung der Längswirbelstraßen und mit einer Apparatur größerer Empfindlichkeit könnte der ganze Instabilitätsbereich genauer durchfahren werden, um den Einfluß der in [12] gemachten Vernachlässigungen genauer

---

[1] Die bei der Zeichnung benutzte Störungsintensität wurde so gewählt, daß sie einem noch nicht zu stark angefachten Stadium entsprach, das visuell und durch Hitzdrahtmessungen noch gut zu beobachten war (vgl. Randbemerkung 4, S. 81).

zu überprüfen, insbesondere den Einfluß auf die kritische *Re*-Zahl der neutralen Kurve, deren Anfang durch Temperaturkopplungseffekte doch etwas mehr nach rechts verschoben werden könnte.

Abb. 54 und 55. Stromlinienbilder zweidimensionaler Tollmien-Schlichting-artiger Störungen in Luft

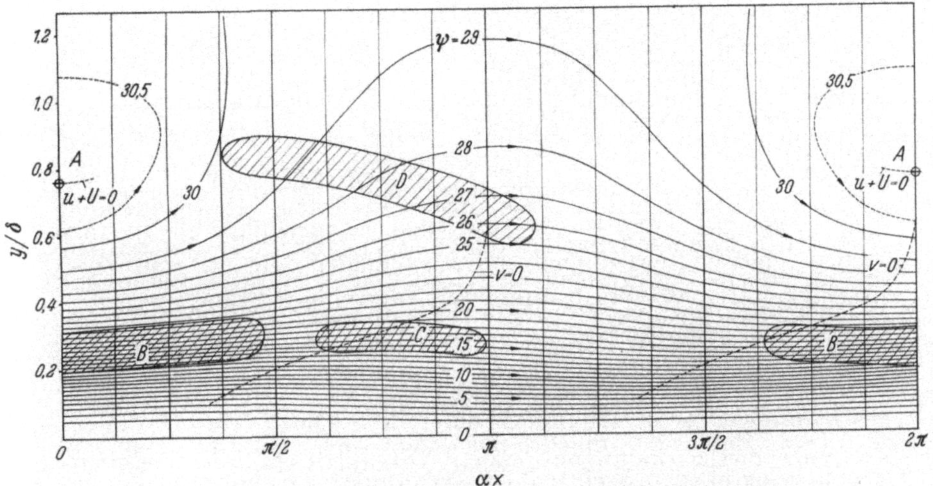

Abb. 54. Stromlinienbild für ruhenden Beobachter

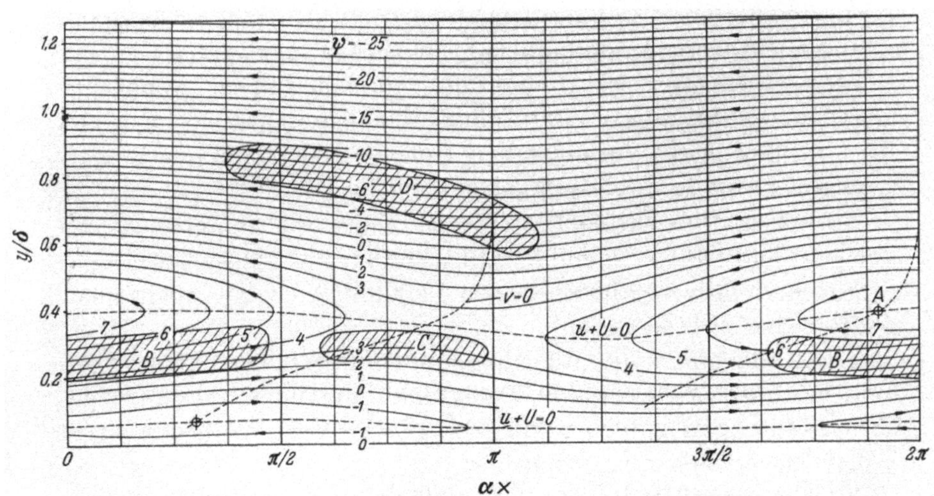

Abb. 55. „Katzenaugen"-Stromlinienbild für mit Wellenfortpflanzungsgeschwindigkeit mitwandernden Beobachter. Auf Grund der von KURTZ und CRANDALL [12] vertafelten Eigenfunktionen gezeichnet für $\alpha\delta = 2{,}28$ und $Re = 802$. $u_{max} = 0{,}06\ U_{max}$, Störungsintensität: $\int_0^\delta \sqrt{\overline{u^2}}\,dy = 0{,}0187\ U_{max}\delta$. Die Zonen mit längswirbelartigen Störungen bei Visualisationsversuchen in Wasser (Abb. 21 und 22) sind zum qualitativen Vergleich schraffiert dargestellt

4.2. Dreidimensionale Instabilitätserscheinungen und Längswirbelbildung

Auf das Auftreten von dreidimensionalen Erscheinungen ist schon bei der Beschreibung der Versuche laufend hingewiesen worden.

Es hat sich gezeigt, daß die Dreidimensionalität bei der Störungsbildung praktisch schon mit der experimentellen Wahrnehmbarkeit der Tollmien-Schlichting-artigen Störungen auftritt:

bei den Versuchen im Wassertank wird sie durch das Auftreten von seitlichem Schlängeln der Stromlinien sowie von Störungsstellen erhöhter Leuchtspurendichte und -intensität angedeutet;

bei den Rauchfädenversuchen sind es gleichfalls die seitlich schlängelnden Bewegungen der Rauchfäden, gefolgt von einer Welligkeit der Störungsfronten in Spannweitenrichtung;

bei den Hitzdrahtversuchen ist es das gleichzeitige Auftreten der w-Störungsgeschwindigkeiten zusammen mit den u-Störungsgeschwindigkeiten der Tollmien-Schlichting-artigen Störungswellen.

Trotz dieser dreidimensionalen Vorgänge sind die Tollmien-Schlichting-artigen Wellen doch als primäre Störung aufzufassen. Beobachtungen im Wassertank mit Hilfe der Schattenmethode zeigen, daß noch tief im Umschlaggebiet, wo längswirbelartige Störungen durch Aluminiumlamellen sichtbar gemacht waren, die Störungswellen im Schattenbild gut erhalten bleiben. Ähnlich ist bei Hitzdrahtmessungen der Tollmien-Schlichting-artige Charakter der u-Störungsgeschwindigkeiten trotz des Auftretens der w-Störungsgeschwindigkeiten weitgehend geblieben.

Im Laufe des weiteren Umschlagverlaufes, der kompliziert vor sich geht und nur visuell untersucht wurde, traten längswirbelartige Störungen mit verschiedenartigem Verhalten in den Außenzonen und wandnahen Zonen auf.

Die Entstehung, die Anfachung und der Zerfall der Längswirbel in der Außenzone sind im Wassertank durch das ährenförmige Visualisationsbild gut zu verfolgen. Die Wirbel sind konkav zur Wand und entstehen spontan.

Die Längswirbelbildung in Wandnähe ist dagegen viel unübersichtlicher und noch nicht ganz geklärt. Es sind dabei zwei Fälle zu unterscheiden:

1. Schwache Längswirbel in Straßenanordnung, die zusammen mit den Tollmien-Schlichting-artigen Wellen auftreten. Sie sind

visuell und bei Hitzdrahtmessungen wahrnehmbar und erzeugen die obengenannten dreidimensionalen Effekte, sind aber wegen der kleinen Störgrößen experimentell sehr schwer näher zu erfassen. Der Grund hierfür liegt einerseits in der beschränkten Empfindlichkeit der visuellen Untersuchungen und andererseits im Pendeln der Längswirbelstraßen und den Schwankungen der Grundströmungsgeschwindigkeiten. Dadurch ist die Interpretation der Hitzdrahtmessungen bei den vorliegenden zweikanaligen Registriermöglichkeiten sehr erschwert. So kann z.B. auf Grund der Oszillogramme in Abb. 50/1—6, der Verteilung der w-Störungsgeschwindigkeit und des Phasensprungs φ_w in Abb. 53 sowie auf Grund der gleichzeitigen Messungen der w-Störungsgeschwindigkeiten in zwei übereinanderliegenden Meßpunkten wohl der Schluß gezogen werden, daß längswirbelartige Störungen in Wandnähe vorkommen — eine genauere Aussage über ihre Lage in bezug auf die Tollmien-Schlichting-artige primäre Störung ist jedoch nicht möglich.

2. Längswirbelartige Strukturen im weiteren Umschlagverlauf, die im Wassertank bei Aluminiumflitterchen das Aussehen von doppelzüngigen Wirbelspitzen haben und bei Rauchfadenbildern „haarnadelförmige" Strukturen bilden. Die Entstehung und das Vorschnellen dieser sehr intensiven Störungsspitzen erfolgt äußerst rasch. Im weiteren Verlauf strecken sie sich und ziehen sich vereinzelt über mehr als eine Wellenlänge der primären Tollmien-Schlichting-artigen Störungen hin. Sie sind leicht konvex zur Wand gekrümmt.

In Abb. 54 und 55 sind durch schraffierte Zonen die Stellen markiert, an denen bei Visualisationsversuchen im Wassertank längswirbelartige Strukturen in den äußeren und inneren Zonen auftreten. Allerdings ist dabei im Auge zu behalten, daß die Stromlinienbilder für Tollmien-Schlichting-artige Wellen für Luft gezeichnet wurden und daß in den äußeren Zonen die Störungsgeschwindigkeiten schon in der Größenordnung der Grundströmung liegen. Außerdem entstehen weitere Ungenauigkeiten wegen der Verzerrungen durch den veränderlichen Brechungsindex in Wandnähe. Die Angaben sind daher nur qualitativ zu bewerten und insbesondere durch weitere Untersuchungen bei erzwungenen Störungen zu ergänzen. Sie vermitteln aber doch einen Einblick in die Kompliziertheit des Umschlagvorganges und seiner rechnerischen Behandlung.

4.3. Vergleich der dreidimensionalen Grenzschicht-Instabilitäts-erscheinungen bei freier Konvektion und bei inkompressibler Plattenströmung ohne Druckgradienten

Bei freier Konvektion bewirkt das anders geformte Geschwindigkeitsprofil der Grenzschicht-Grundströmung (Abb. 53) mit zwei kritischen Schichten und einem Inflexionspunkt eine viel kleinere kritische Reynolds-Zahl der Tollmien-Schlichting-artigen Störungen und eine weit schnellere Anfachung derselben als bei der Blasiusschen Plattenströmung.

Es entstehen dabei Querwirbel in der Außen- und Innenzone der Grenzschicht (Abb. 54, 55), welche zuerst in der Außenzone zerfallen. In Wandnähe werden sie erst später angefacht.

Die Zonen intensiv ausgebildeter Scherschicht und die längswirbelartigen Strukturen treten hier sowohl wandnahe als auch in den äußeren Grenzschichtpartien auf.

Im weiteren Umschlagverlauf bilden sich, ähnlich wie bei der Blasiusschen Plattenströmung, in der wandnahen Grenzschichtzone Stellen sehr intensiver und lokalisierter dreidimensionaler Störungen aus. Die auftretenden doppelzüngigen Wirbelspitzen entsprechen gewissermaßen den in [17] beobachteten „spikes" und haarnadelförmigen Wirbeln sowie der in [19] beobachteten Instabilität der sich inmitten der Grenzschicht intensiv ausbildenden Scherschicht. Die bei Rauchfäden-Visualisierung auftretenden haarnadelförmigen Rauchkonzentrationen entsprechen den bei der Blasiusschen Plattenströmung beobachteten Verzerrung der Farbflüssigkeitskonzentrationen [70], [71]. Dennoch scheint es, daß das Entstehen der Wirbelspitzen nicht primär auf das von Hama [72] als Erklärung des Umschlages vorgebrachte Instabilitätsverhalten eines Querwirbelfadens in Scherströmung zurückzuführen ist.

4.4. Weitere noch offene Fragen und mögliche Verbesserungen der Versuchstechnik

Um die Ursachen der dreidimensionalen Anfangsstörungen, des Auftretens der Wirbelstraßen und ihres Pendelns in Spannweitenrichtung sowie der langperiodigen Schwankungen in der Grenzschicht-Grundströmung genauer zu erfassen, müßte man weiter in das Gebiet der Störungen noch kleinerer Intensität und in deren früheres Entwicklungsstadium eindringen. Dies würde vor allem einen Vergleich mit den Ergebnissen der linearisierten Theorie der Längswirbelbildung ermöglichen. Dazu wäre eine weitere Erhöhung der Meßempfindlichkeit und größere Stabilisierung der Anströmungsverhältnisse und der dreidimensionalen erzwungenen Störungsbildung erforderlich.

Außerdem ist auch ein Vordringen in Richtung größerer *Re*-Zahlen, d. h. in das Gebiet der ausgeprägten dreidimensionalen und nichtlinearen Umschlagvorgänge von Interesse. Dadurch könnten die Experimente Hinweise auf vereinfachte theoretische Modelle erbringen. Um das Auftreten der „spikes" und Zonen intensiver Scherung [17], [19], [24] weiter zu klären, sind verbesserte photographische und mehrkanalige Registriermöglichkeiten notwendig.

Die wichtigste verbleibende Aufgabe wird es jedoch sein, die längswirbelartigen Störungsformen vom Entstehungsstadium bis zum Zerfall noch genauer zu untersuchen.

Die im Laufe der Experimente angesammelten Erfahrungen und Daten ergaben folgende Verbesserungsvorschläge für die Versuchsanordnung und -technik, die das weitere Vordringen in die ungelösten Probleme ermöglichen:

1. Erhöhung der Empfindlichkeit der Hitzdraht- und Temperaturmessungen durch entsprechende Vorverstärker.

2. Vergrößerung der Anzahl der Registrierkanäle.

3. Entwicklung von zufriedenstellenden, dreidimensionalen Störungserzeugern bei der Platte in Luft.

4. Weitere Beruhigung der Anströmungsverhältnisse bei der Platte in Luft durch höhere Versuchskammer, konstantere Temperaturverhältnisse, Entwicklung von Vorrichtungen, um die Turbulenz der an die Decke aufprallenden warmen Plattengrenzschicht zu vernichten (Leitvorrichtung und Dämpfungssiebe) und damit ein Rückwirken auf die Plattenströmung zu vermeiden.

5. Entwicklung zwei- und dreidimensionaler Störungserzeuger bei der Platte in Wasser (vom Typ des schwingenden Bandes).

6. Photographische Ausrüstung für kinematographische Stereoaufnahmen.

Diese Verbesserungen bilden keine technischen Schwierigkeiten, sondern stellen mehr eine Kosten- und Zeitfrage dar.

Parallel sollten aber auch theoretische Vergleichsmöglichkeiten zur Verfügung stehen:

1. Eine genauere Berechnung des Instabilitätsdiagrammes für Tollmien-Schlichting-artige Störungen bei freier Konvektion mit Eigenfunktionen für den neutralen und angefachten Bereich, bei

dem sich die erzwungenen Pulsdrahtstörungen am regelmäßigsten ausbilden.

2. Theoretische Untersuchungen der dreidimensionalen Instabilität mit in Spannweitenrichtung periodischem Längswirbelauftreten, ähnlich der bei der inkompressiblen Grenzschichtströmung durchgeführten linearen [20] und nichtlinearen [22] Behandlung[1].

3. Eine strengere Abschätzung oder Berücksichtigung der Energiegleichung und des Temperaturgliedes[2].

Trotz der numerischen Schwierigkeiten und dem Umfang der Berechnungen sind in absehbarer Zeit auf diesem Gebiet neue Ergebnisse zu erwarten.

Die Untersuchungen des laminar-turbulenten Umschlages bei freier Konvektion würden dann einen Anschluß an die zur Zeit bei der inkompressiblen Plattenströmung durchgeführten Umschlaguntersuchungen und behandelten Probleme erreichen.

Ich möchte mich am Ende noch bei Frau G. Teilken für die sorgfältige Ausfertigung des Manuskriptes sowie der Hilfe bei der deutschsprachigen Redaktion bedanken.

Zusammenfassung

Das Ziel der vorliegenden Arbeit ist, die dreidimensionalen Instabilitätserscheinungen des laminar-turbulenten Umschlages bei einer freien Konvektionsströmung längs einer vertikalen geheizten Platte experimentell näher zu untersuchen. Ganz besondere Aufmerksamkeit wurde dabei dem Stadium des ersten Auftretens der dreidimensionalen Störungen geschenkt, sowie der Entwicklung von Längswirbeln und der Bestimmung ihrer Lage in bezug auf die Tollmien-Schlichting-artigen Wellen.

Die Experimente wurden parallel in Luft und in Wasser durchgeführt, um die besseren Visualisationsmöglichkeiten im Wassertank mit den genaueren Hitzdraht-Geschwindigkeitsmessungen in Luft kombinieren zu können.

Bei einer Platte in Wasser wurden bei „natürlichem" Umschlag das Strömungsfeld und die Umschlagvorgänge in der Grenzschicht mit Hilfe von Aluminiumlamellen sichtbar gemacht. Diese Visualisationsmethode erwies sich durch die Orientierungstendenz der Lamellen in Scherströmung als die geeignetste für instationäre Stromlinienbilder von Längswirbeln. Die relative Lage der Wirbel

---

[1] Vgl. auch die Dissertation von Menzel [74]; die angewandte Methode ermöglicht gleichfalls die entkoppelte Behandlung bei freier Konvektion.

[2] Es wird auf die in Kürze erscheinende Arbeit von Kappus [73] hingewiesen.

wurde mit Hilfe von Stromlinienbildern in vertikaler Schnittebene und frontalen Stereoaufnahmen untersucht. Kinematographische Aufnahmen lieferten einen Einblick in die Dynamik des „natürlichen" Umschlagvorganges. Als charakteristisch erwies sich das Auftreten von längswirbelartigen Störungen in den äußeren und inneren Grenzschichtzonen mit verschiedenartigem Verhalten. In der äußeren Zone konnte Entstehen, Anfachung und Dämpfung beobachtet werden. Bei den inneren Störungen verlief der Vorgang im Entstehungsstadium außerordentlich schnell und zuerst punktförmig. Erst bei großen Grashofschen Zahlen konnte vereinzelt ein Zusammenschließen der wandnahen Längswirbel über mehr als eine Wellenlänge beobachtet werden.

Bei einer Platte in Luft wurden Hitzdrahtmessungen der Störungsgeschwindigkeiten in der Grenzschicht ohne und mit kleinen erzwungenen Störungen durchgeführt, die durch Rauchfäden-Visualisierungen des Umschlages ergänzt wurden. Die Hitzdrahtmethode, kombiniert mit erzwungenen Pulsdrahtstörungen, erwies sich als besonders aufschlußreich. Es traten allerdings kleine langperiodige Schwankungen in den Grenzschichtgrund- und Störungsgeschwindigkeiten auf, sowie ein periodisches seitliches Wandern der Längswirbel. Dies wirkte sich sehr störend auf die Interpretation der Hitzdrahtmessungen aus. Zur Zeit werden verschiedene Stabilisierungsmaßnahmen auf ihre Wirksamkeit untersucht. Der Umfang der dazu noch notwendigen Modifikationen und Messungen macht es aber unmöglich, diese Untersuchungen noch vollständig im Rahmen dieser Arbeit zu bringen. Die Hitzdrahtergebnisse wurden mit der theoretischen Instabilitätskurve und Störungsgeschwindigkeitsverteilung für Tollmien-Schlichtingartige Störungen von KURTZ und CRANDALL verglichen. Die qualitative Übereinstimmung der Meßergebnisse ist gut, allerdings reichte die Empfindlichkeit der zur Verfügung stehenden Instrumentation nicht aus, um die neutrale Kurve genau bestimmen zu können.

Mögliche Verbesserungen der Versuchstechnik wurden auf Grund der vorliegenden Erfahrung angegeben.

Literatur

[1] ECKERT, E. R. G., E. SOEHNGEN u. P. F. SCHNEIDER: Studien zum Umschlag laminar-turbulent der freien Konvektions-Strömung an einer senkrechten Platte. 50 Jahre Grenzschichtforschung herausgeg. v. H. GÖRTLER und W. TOLLMIEN, S. 407—418. Braunschweig: Vieweg 1955.

[2] HOLMAN, J. P., H. E. GARTRELL, and E. E. SOEHNGEN: A study of free convection boundary layer oscillations and their effects on heat transfer. ASME Paper No. 60-SA-25 (1960).

[3] BIRCH, W. D.: On the stability of free convection boundary layers on a vertical flat plate. M. S. Thesis, Air Force Inst. Techn. Wright-Patterson AFB, Ohio 1957.

[4] GARTRELL, H. E.: On the oscillations of free convection boundary layers. M. S. Thesis, Air Force Inst. Techn. Wright-Patterson AFB, Ohio 1959.

[5] ECKERT, E. R. G., J. P. HARTNETT, and T. F. IRVINE: Flow visualisation studies of transition to turbulence in free convection flow. ASME Paper No. 60-Wa-260 (1960).

[6] SZEWCZYK, A. A.: Stability and transition of the free convection layer along a vertical flat plate. TN BN 247, AFOSR-765, Univ. Maryland, 1961.

[7] — Stability and transition of the free convection layer along a vertical flat plate. Intern. J. Heat/Mass Transfer. 5, 903—914 (1962).

[8] FUJII, T.: On the development of a vortex street in a free convection boundary layer. JSME Bul. 2, 8, 551—555 (1959).

[9] HAMA, F. R.: Streaklines in a perturbed shear flow. Phys. Fluids 5, 644—650 (1962).

[10] PLAPP, J. E.: Laminar boundary-layer stability in free convection. Pt. 1, Ph. D. Thesis, Cal. Inst. Tech. 1957 (s. auch J. Aeronaut. Sci. 24, 318—319 (1957).

[11] OSTRACH, S., and S. H. MASLEN: Stability of laminar viscous flows with a body force. Intern. Developments in Heat Transfer, 1961. Intern. Heat Transfer Conf., part V, pp. 1017—1023 (1962).

[12] KURTZ jr., F., and S. H. CRANDALL: Computer-aided analysis of hydrodynamic stability. J. Math. and Phys. 41, 264—279 (1962).

[13] SCHUBAUER, G. B.: Mechanism of transition at subsonic speeds. Grenzschichtforschung Symposium Freiburg 1957, S. 85—109. Berlin-Göttingen-Heidelberg: Springer 1958.

[14] —, and P. S. KLEBANOFF: Contributions on the mechanics of boundary-layer transition. NACA Report No. 1289 (1956).

[15] —, and H. K. SKRAMSTAD: Laminar-boundary-layer oscillations and transition on a flat plate. NACA Report No. 909 (1948).

[16] KLEBANOFF, P. S., and K. D. TIDSTROM: Evolution of amplified waves leading to transition in a boundary-layer with zero pressure gradient. NACA Techn. Note D-195 (1959).

[17] — — and L. M. SARGENT: The three-dimensional nature of boundary-layer instability. J. Fluid Mech. 12, part 1, 1—34 (1962).

[18] TANI, I., and H. KOMODA: Boundary-layer transition in the presence of streamwise vortices. J. Aerosp. Sci. 29, 440—444 (1962).

[19] KOVASZNAY, L. S. G., H. KOMODA and B. R. VASUDEVA: Detailed flow field in transition. Proc. Heat Transf. Fluid Mech. Inst., Seattle, Wash., 1962, pp. 1—26. Stanford, Calif.: Stanford Univ. Press 1962.

[20] GÖRTLER, H., u. H. WITTING: Theorie der sekundären Instabilität der laminaren Grenzschichten. Grenzschichtforschung Symposium Freiburg 1957, S. 110—126. Berlin-Göttingen-Heidelberg: Springer 1958.

[21] WITTING, H.: Über den Einfluß der Stromlinienkrümmung auf die Stabilität der laminaren Strömungen. Arch. Rat. Mech. Anal. 2, 243—287 (1958).

[22] BENNEY, D. J.: A non-linear theory for oscillations in a parallel flow. J. Fluid Mech. **10**, 209—236 (1961).

[23] BENNEY, D. J., and C. C. LIN: On the secondary motion induced by oscillations in a shear flow. Phys. Fluids **4**, 656—657 (1960).

[24] GREENSPAN, H. P., and D. J. BENNEY: On shear-layer instability, breakdown and transition. J. Fluid Mech. **15**, 133—153 (1963). — Vgl. auch verkürzte Vorankündigung: Remarks on transition and the stability of time-dependent shear layers. Phys. Fluids **5**, 862—863 (1962).

[25] CRIMINALE jr., W. O., and L. S. G. KOVASZNAY: The growth of localized disturbances in a laminar boundary layer. J. Fluid Mech. **14**, I, 59—80 (1962).

[26] KOVASZNAY, L. S. G.: A new look at transition. Aeronautics and Astronautics, pp. 161—172. Oxford-London-New York-Paris: Pergamon Press 1960.

[27] WERLÉ, H.: Note technique O.N.E.R.A. 5/97 A.S. 14—20.

[28] WORTMANN, F. X.: Eine Methode zur Beobachtung und Messung von Wasserströmungen mit Tellur. Z. angew. Phys. **5**, 201—206 (1953).

[29] EICHHORN, R.: Flow visualisation and velocity measurement in natural convection with the tellurian dye method. Trans. ASME, Ser. C **83**, 379—381 (1961).

[30] — Flow visualisation and velocity measurement in natural convection with the tellurian dye method. J. Heat Transfer C **83**, 379 (1961).

[31] BOUROT, J. M.: Chronophotographie des champs aérodynamiques. Publs. sci. et tech. ministère air (France) No. 226 (1949).

[32] — Chronophotographie des vibrations d'un fluide. Publs. sci. et tech. ministère air (France) No. 264 (1952).

[33] CHARTIER, CH.: Etude expérimentale du sillage des ailes. Publs. sci. et tech. secrétar. état aviation (France) No. 178 (1942).

[34] GOLDSMITH, H. L., and S. G. MASON: Particle motions in sheared suspensions. XIII. The spin and rotation of disks. J. Fluid Mech. **12**, pt. I, 88—96 (1962).

[35] BRETHERTON, F. P.: The motion of rigid particles in a shear flow at low Reynolds number. J. Fluid Mech. **14**, pt. II, 284—304 (1962).

[36] SEGRE, G., and A. SILBERBERG: Behaviour of macroscopic rigid spheres in Poiseuille flow. J. Fluid Mech. **14**, pt. I, 136—157 (1962).

[37] SCHULTZ-GRUNOW, F., u. P. SAND: Ein Entmischungseffekt in Suspension bei wandnaher Scherströmung. Kurzvortrag auf der Jahrestagung der GAMM (1963 in Karlsruhe).

[38] KRAUS, W.: Messung des Temperatur- und Geschwindigkeitsfeldes bei freier Konvektion. Karlsruhe: Braun 1955.

[39] SCHMIDT, E., u. W. BECKMANN: Das Temperatur- und Geschwindigkeitsfeld von einer wärmeabgebenden senkrechten Platte bei natürlicher Konvektion. Forsch. Gebiete Ingenieurw. **1**, 341—349, 391—406 (1930).

[40] COUVERTIER, P.: Application des décharges électriques à l'exploration des écoulements gazeux aux grandes vitesses. Publs. sci. et tech. ministère air (France), No. 365 (1960).

[41] EICHHORN, R.: Measurement of low speed gas flows by particle trajectories: a new determination of free convection velocity profiles. Intern. J. Heat/Mass Transfer **5**, 915—928 (1962).

[42] GRIFFITHS, E., and A. H. DAVIS: The transmission of heat by radiation and convection. Spec. Rep. No. 9, Food Investigation Board, British Dept. Sci. and Ind. Res., 1922.

[43] Schoenhals, R. J., and J. A. Clark: Laminar free convection boundary-layer perturbations due to a transverse wall vibration. J. Heat Transfer C **84**, 225—234 (1962).

[44] Kovasznay, L. S. G.: Turbulence measurements. Physical measurements in gas dynamics and combustion. Vol. IX, High Speed Aerodynamic and Jet Propulsion. Princeton, New Jersey: Princeton Univ. Press 1954.

[45] — Turbulence measurements. Appl. Mechanics Revs. **12**, 375—380 (1959).

[46] Wehrmann, O.: Methoden und Anwendungen der Hitzdraht-Meßtechnik für Strömungsvorgänge. Konstruktion **10**, 299—307 (1958).

[47] — Weiterentwicklung und neuartige Anwendung der Hitzdrahtmeßtechnik. Konstruktion **13**, 183—186 (1961).

[48] Collis, D. C., and M. J. Williams: Two-dimensional convection from heated wires at low Reynolds numbers. J. Fluid Mech. **6**, 357—384 (1959).

[49] — Forced convection of heat from cylinders at low Reynolds numbers. J. Aeronaut. Sci. **23**, 697—698 (1956).

[50] —, and M. J. Williams: Free convection of heat from fine wires. A.R.L., Aero Note 140.

[51] Cole, J., and A. Roshko: Heat transfer from wires at Reynolds number in the Oseen range. Guggenheim Aeron. Labor. Calif. Inst. Techn. Pasadena, Public. No. 354 (1954).

[52] Tomotika, S., and H. Yosinobu: On the convection of heat from cylinders immersed in a low speed stream of compressible fluid. J. Math. and Phys. **36**, 112—120 (1957).

[53] Mahony, J. J.: Heat transfer at small Grashof numbers. Proc. Roy. Soc. (London) A **238**, 412—423 (1957).

[54] King, L. V.: On the convection of heat from small cylinders in a stream of fluid. Phil. Trans. Roy. Soc. London, Ser. A **214**, 373—432 (1914).

[55] Corrsin, S., and M. S. Uberoi: Spectra and diffusion in a round turbulent jet. NACA Rep. 1040 (1951).

[56] — Extended applications of the hot-wire anemometer. NACA TN 1864 (1949).

[57] Simmons, L. F. G.: A shielded hot-wire anemometer for low speeds. J. Sci. Instr. **26**, 407—444 (1949).

[58] Rose, W. G.: Some corrections to the linearised response of a constant-temperature hot-wire anemometer operated in a low-speed flow. J. Appl. Mechanics E **29**, 554—558 (1962).

[59] Schubauer, G. B., and P. S. Klebanoff: Theory and application of hot-wire instruments in the investigation of turbulent boundary layers. NACA ACR No. 5 K 27 (1946).

[60] Gaudfernau, J.: Anémometrie à fils chauds. Recherche aéronaut. No. 48, 15—22 (1955).

[61] Webster, C. A. G.: A note on the sensitivity to yaw of a hot-wire anemometer. J. Fluid Mech. **13**, part 2, 307—312 (1962).

[62] Corrsin, S.: Directional sensitivity for a finite hot-wire anemometer. OSR TN-60—171 (1960).

[63] Ashkenas, H.: Hot-wire measurements with X-meters. Grad. School of Aeron. Engin. Cornell Univ., Ithaca, New York, May 1955.

[64] Gershuni, G. Z.: Stability of plane convective motion of a liquid. Zhur. tekh. Fiz. **23**, 1838—1844 (1953).

[65] Ostrach, S.: An analysis of laminar free convection flow and heat transfer about a flat plate parallel to the direction of the generating body force. NACA Rep. 1111 (1953).

[66] Emmons, H. W.: The laminar turbulent transition in a boundary layer. J. Aeronaut. Sci. **18**, 490—498 (1951).

[67] Mochizuki, M.: Smoke observations on boundary layer transition caused by a spherical roughness element. J. Phys. Soc. Japan **16**, 995—1008 (1961).

[68] — Hot-wire investigation of smoke patterns caused by a spherical roughness element. Natural Sci. Report of the Ochanomizu Univ. **12**, No. 2, 87—101 (1961).

[69] Jones, W. P.: Trends in unsteady aerodynamics. J. Roy. Aeronaut. Soc. **67**, No. 627, 137—151 (1963).

[70] Hama, F. R., J. D. Long, and J. C. Hegarty: On transition from laminar to turbulent flow. J. Appl. Phys. **28**, 388 (1957).

[71] — Boundary layer transition induced by a vibrating ribbon on a flat plate. Proceedings of the 1960 Heat Transfer and Fluid Mechanics Institute, p. 92. Stanford/Calif.: Stanford Univ. Press 1960.

[72] — Progressive deformation of a curved filament by its own induction. Phys. Fluids **5**, 1156—1162 (1962).

[73] Kappus, H.: Stabilität der Konvektionsgrenzschicht an der senkrechten geheizten Platte. Erscheint in Kürze als DVL-Bericht des Inst. für Angewandte Mathematik und Mechanik der DVL, Freiburg i. Br.

[74] Menzel, K.: Beitrag zur dreidimensionalen, nichtlinearen Stabilitätstheorie der längsgeströmten Platte. Diss., Albert-Ludwigs-Universität Freiburg i.Br., 1964.

Eingeführte Bezeichnungen

x	Abstand von Plattenvorderkante in Strömungsrichtung
y	Abstand von der Plattenoberfläche
z	Abstand in Spannweitenrichtung, von Plattenmitte gemessen (vgl. Abb. 5)
U, V, W	Geschwindigkeiten der Grenzschicht-Grundströmung in x-, y-, z-Richtung
U_M	Maximale Grenzschichtgeschwindigkeit der Grundströmung
u, v, w	Störungsgeschwindigkeiten in x-, y-, z-Richtung
$\bar{u}$	Zeitlicher Mittelwert der u-Störungsgeschwindigkeit
δ	Grenzschichtdicke, wo $U = 0,01\, U_M$ ist
T	Temperatur der geheizten Platte
T_w	Hitzdrahttemperatur
T_∞, t_∞	Temperatur außerhalb der Grenzschicht [°K], [°C]
$\Delta T = T - T_\infty$	Aufheiztemperatur der Platte
$Gr_x = \dfrac{g x^3 (T - T_\infty)}{v^2 T_\infty}$	Grashofsche Zahl bei freier Konvektion
$Re = \dfrac{U_M \delta}{v}$	Reynoldssche Zahl
t	Störungstemperatur
f	Frequenz der erzwungenen Störungen
λ	Wellenlänge der Tollmien-Schlichting-artigen Störungen
$\alpha = \dfrac{2\pi}{\lambda}$	Wellenzahl
$\beta_i = IM\,(\beta)$	Anfachungsgröße beim Tollmien-Schlichtingschen Störungsansatz
ψ	Stromfunktion

Nähere Aufnahme-Daten zu den Abbildungen

Die Aufnahme- und Beleuchtungsrichtungen sind mit großen Buchstaben abgekürzt wie auf Abb. 1 und 3 angegeben.

Die Lichtspaltlage ist zusätzlich mit h (horizontal) oder v (vertikal) bezeichnet. Bei der Lichtquellenangabe bedeutet: P Dia-Projektor; S Stroboskop; EB Elektronenblitz. Die x-Koordinatenangabe bezieht sich auf Bildmitte. Das eingeführte Koordinatensystem ist auf Abb. 5 ersichtlich. Nur bei den Rauchfaden-Aufnahmen wird die z-Koordinate von der linken Plattenseite gemessen.

t_∞ bei den Versuchen in Luft betrug $12-20°$ C und änderte sich während der Versuche nach Erreichen des stationären Zustandes praktisch nicht. Bei der Platte im Wassertank erhöhte sich die Wassertemperatur allmählich während des Versuchs auf $24-26°$ C (bezogen auf $^3/_4$ der Plattenhöhe). $\varDelta T$ stellt die mittlere Aufheiztemperatur der Platte dar.

Abb.	Abb.-Maßstab	Aufnahmerichtung	Lichtspalt Breite [cm]	Lichtspalt Richtung u. Lage	Exponierung [sec]	Lichtquelle	$\varDelta T$ [°C]	Koordinaten (Bildmitte) x [cm]	Koordinaten (Bildmitte) z [cm]
12	1,8 : 1	D	0,5	A, v	12	P	13	38	3,5
13	1,25 : 1	D	0,8	A, v	30	P	13	3,2	3,5
14	2,25 : 1	D	0,5	A, v	0,2	P	13	20	3,5
15, 16	1,6 : 1	D	0,5	A, v	0,2	P	13	38	3,5
17	1 : 1,7	A	1,2	A, h	0,2	P	13	33	0
18	1,8 : 1	A	1,2	A, h	0,2	P	13	38	0
19	1,8 : 1	A	1,2	A, h	0,5	P	13	38	0
20	1,8 : 1	A	1,2	A, h	2	P	13	38	0
21	1 : 1,75	D	1,8	A, v	0,125	P	13	32	3,0
22	1,35 : 1	D	1,8	A, v	0,125	P	13	34	3,0
23	1 : 1,6	D	1,8	A, v	0,2	P	13	30,5	0
24	1 : 1,1	A	1,8	D, v	0,4	P	13	35	0
25	2,4 : 1	A	1,8	D, v	0,6	P	13	35	0
26	3,3 : 1	A	1,8	D, v	0,4	P	13	35	0
27		A	1,8	D, v	0,6	P	13	35	0
28	1 : 3,3	A	1,8	D, v	0,125	P	13	28	0
29	1 : 1,6	A	1,8	D, v	0,125	P	13	34	0
30	1 : 4,4	A	1,8	D, v	0,125	P	13	33	0
31	1 : 3,9	A	1,8	D, v	0,3	P	13	34	0
32—36	aus	A	30	D, v	$^1/_{1000}$	EB	15,7	aus	
37—38	Raster	C	30	D, v	$^1/_{1000}$	EB	11,8	Raster	
39—43	teilung	B	30	D, v	$^1/_{1000}$	EB	18,2	teilung	
44	ersichtlich	B	25	D, v	80 μsec	S	19,8	ersichtlich	

LEBENSLAUF

Ich bin in Zagreb/Jugoslawien am 4. Dezember 1923 geboren.
Die Volksschule habe ich von 1930 - 1934 in Zagreb und Dubrovnik
besucht, das Realgymnasium in Dubrovnik 1934 - 1935 und Belgrad
1935 - 1942, wo ich im August 1942 mein Abitur machte. Nach einer
Unterbrechung meiner Ausbildung von 1942 - 1946 durch Kriegs-
ereignisse habe ich von 1946 bis 1952 Maschinenbau, Fachrichtung
Aeronautik, an der Technischen Hochschule in Belgrad studiert.
Im April 1953 habe ich meine Diplomprüfung absolviert, der Gegenstand meiner experimentellen Diplomarbeit war: "Anwendung
der Rheoelektroanalogie auf aerodynamische Probleme".

Vom Mai 1953 bis Januar 1956 war ich im Aerotechnischen Institut der Fakultät für Maschinenbau der Technischen Hochschule
Belgrad tätig. Ab 1954 war ich Assistent für Aerodynamik und Luft-
schrauben bei Herrn Professor M. NENADOVIĆ. Neben den üblichen Übungsvorbereitungen und der Betreuung von experimentellen
Diplom-Arbeiten hatte ich an der Entwicklung, bei der Konstruktion und dem Betrieb der Windkanäle, ihrer Ausrüstung und Instru-
mentierung des im Aufbau befindlichen Instituts mitgearbeitet.

Seit Februar 1957 bin ich als wissenschaftlicher Mitarbeiter am
Institut für Angewandte Mathematik und Mechanik der Deutschen
Versuchsanstalt für Luft- und Raumfahrt in Freiburg i. Br. tätig,
wo ich mich mit Grenzschichtproblemen befasst habe, insbesondere mit dem laminar-turbulenten Umschlag sowie mit der Entwicklung und Konstruktion eines für Grenzschicht-Instabilitätsuntersuchungen bestimmten kleinen Wasserschleppkanals.